Elektrische Kontakte

Grundlagen für den Praktiker

Von

Dr. Walther Burstyn VDE

Mit 79 Abbildungen im Text

Springer-Verlag Berlin Heidelberg GmbH 1937

ISBN 978-3-662-42800-9 ISBN 978-3-662-43080-4 (eBook)
DOI 10.1007/978-3-662-43080-4

Ursprünglich erschienen bei Julius Springer in Berlin 1937

Vorwort.

Das vorliegende Buch befaßt sich nicht mit jenen Schaltern, die die Stromunterbrechung durch Verlängerung oder Ausblasen des Lichtbogens bewirken und für hohe Spannungen und Ströme bestimmt sind, sondern mit solchen, die nur einen kleinen Hub auszuführen brauchen, wie die meisten Relais. Dennoch handelt es sich dabei nicht nur um sogenannten Schwachstrom.

Merkwürdigerweise sind die physikalischen Grundlagen für solche Schalter wenig bekannt und in keinem Lehrbuche zu finden, obwohl sie zu den elementarsten Dingen der Elektrotechnik gehören. Z.B. zeigte es sich, daß sehr viele Ingenieure auf die Frage, welche Luftstrecke 220 V zu durchschlagen vermögen, nicht die richtige Antwort zu geben wissen.

Das Buch will diese Grundlagen sowie die sich daraus ergebenden praktischen Folgerungen zusammenfassend beschreiben, zum großen Teil gestützt auf eigene Arbeiten. Es erhebt keinen Anspruch auf wissenschaftliche Höhe oder erschöpfende Behandlung des Stoffes. Mathematik ist fast ganz vermieden; wo sie vorkommt, kann darüber hinweggelesen werden, so daß sich auch der ungeschulte Praktiker des Buches bedienen kann.

Berlin-Wilmersdorf, im Juli 1937.

W. Burstyn.

Inhaltsverzeichnis.

Literaturverzeichnis[1]).

1. Hoepp, W.: Über Unterbrechungslichtbogen bei elektrischen Schaltapparaten. ETZ Bd. 34 (1913) H. 2 u. 3.
2. Burstyn, W.: Ein neues Verfahren zur Löschung des elektrischen Lichtbogens. ETZ Bd. 34 (1913) H. 43.
3. — Über lichtbogenfreie Unterbrechung elektrischer Ströme. ETZ Bd. 41 (1920) H. 26.
4. Hoepp, W.: Lichtbogenfreie Schalter für Wechselstrom. ETZ Bd. 41 (1920) H. 38.
5. Rüdenberg, R.: Elektrische Schaltvorgänge. Berlin: Julius Springer 1923.
6. Seeliger, R.: Einführung in die Physik der Gasentladungen, 1927. Verlag von A. Barth.
7. Holm, R.: Über metallische Kontaktwiderstände. Wiss. Veröff. Siemens-Konz. 1929 VII/2.
8. — Zur Theorie der ruhenden, metallischen Kontakte. Wiss. Veröff. Siemens-Konz. 1931 X/4.
9. Engel, A. v. und M. Steenbeck: Elektrische Gasentladungen. (2 Bände.) Berlin: Julius Springer 1934.
10. Burstyn, W.: Der elektrostatische Selbstunterbrecher. Funk 1932 S. 126.
11. Holm, R. u. a.: Die Materialwanderung in elektrischen Abhebekontakten. Wiss. Veröff. Siemens-Konz. 1935 XIV/1.
12. Holm, R. und F. Güldenpfennig: Die Materialwanderung in elektrischen Ausschaltkontakten, bes. mit Löschkreis. Wiss. Veröff. Siemens-Konz. 1935 XIV/3.
13. Krüger, W.: Formveränderungen an hochbelasteten Silberkontakten. Verlag von R. Oldenbourg 1936.

---

[1] Auf obige Literatur wird im Buche mit schräg zwischen eckigen Klammern gesetzten Ziffern hingewiesen. — Ein ausführliches Literaturverzeichnis ist insbesondere in [*9*] zu finden.

Allgemeines.

1. Bezeichnungen.

A = Arbeit (Wattsekunde, Joule).
C = Kapazität (Farad).
$\mathfrak{d}$ = logar. Dekrement.
f = Frequenz = $1/T$.
I, i = Strom (Ampere).
i_u = Grenzstrom bei der Spannung U.
i_p = Grenzstrom, vermindert durch Erhitzung.
L = Selbstinduktion (Henry).
R, r = Widerstand (Ohm).
Schaltstoff = Kontaktmaterial.
Schaltstück = Kontaktstück, Kontakt.
T, t = Zeit, Periode (Sekunde).
T_k = Schwingungsdauer eines C-L-Kreises.
T_r = Zeitkonstante eines C-R-Kreises.
U, u = Spannung (Volt).
U_b = Mindestspannung am Lichtbogen.
U_g = Mindestspannung am Glimmlicht.
U_u = Spannung am Schalter.
W = Wärmemenge (g. cal.).

2. Schalter.

Als Schalter haben wir hauptsächlich sog. Druckschalter nach Art eines Morsetasters zu betrachten, wie sie Relais haben, nicht etwa Messerschalter. Die Kontakte sind also im allgemeinen rund mit flacher oder schwach konvexer Oberfläche (Abb. 1), haben einen Durchmesser von einigen Millimetern und bewegen sich senkrecht zueinander.

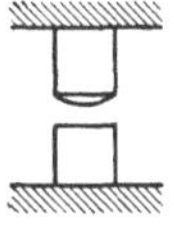
Abb. 1. Kontakte.

Für die meisten Versuche, namentlich solche mit verschiedenen Schaltstoffen, gibt man den Kontakten zweckmäßig die Form runder Stifte von 4—5 mm Durchmesser und etwa 20 mm Länge. Einer derselben wird fest eingespannt, der andere mit einer geeigneten Handhabe versehen. Proben edler Metalle lötet man auf das Ende eines Stiftes auf[1]. Bei Versuchen mit Starkstrom über etwa 5 A erhält der Schalter besser eine Bauart ähnlich wie nach Abb. 46 (S. 39).

3. Schaltstoffe.

Die Schaltstoffe lassen sich in drei Gruppen einteilen: Elemente, Legierungen und „Verbundstoffe". Unter **Legierungen** sind Mischungen von Metallen zu verstehen, die sich in geschmolzenem Zustande völlig ineinander gelöst hatten, wenn sie auch beim Erkalten und Kristallisieren sich teilweise wieder sondern. Ihr (häufig unscharfer) Schmelz-

[1] Die Schaltstücke aus Edelmetall hat die Heraeus G. m. b. H. zur Verfügung gestellt, wofür ihr hiermit gedankt sei.

punkt liegt niedriger, ihre Härte höher als die Zusammensetzung erwarten ließe. — Verbundstoffe nennt man solche, die aus einem Gemisch feiner Pulver durch Sintern in der Hitze oder auf ähnliche Weise hergestellt werden. Das älteste Beispiel ist die Bronzekohle, die aus Kupfer oder Bronze und graphitierter Kohle besteht, allerdings nicht für Schalter, sondern nur für Bürsten dient. Ein neuer Stoff ist Wolframsilber.

Silber ist der wichtigste Schaltstoff der Schwachstromtechnik. Meist wird Feinsilber (1000teiliges) verwendet, meist in Form von Nieten. Das Stauchen sowie Hämmern härtet und verbessert das Silber. Beim Auflöten dünner Silberplättchen ist zu beachten, daß Lot nicht nur das Silber löst, sondern auch in dasselbe hinein diffundiert und seine Eigenschaften verschlechtert. Daher soll man schnell und nicht unnötig heiß löten. Das gleiche gilt auch für Platin und Gold und ihre Legierungen. — Die geringe Härte des Silbers läßt sich durch Legieren mit Kupfer verbessern, aber auf Kosten der sonstigen guten Eigenschaften. Hingegen sind die

Silber-Palladium-Legierungen (10—50% Palladium) nicht nur härter, sondern auch gegen Schwefelwasserstoff und Oxydation viel unempfindlicher. Auch Legierungen von Silber mit Platin werden verwendet.

Kupfer hat zwar bei reiner Oberfläche bessere Schalteigenschaften als Silber, oxydiert aber leicht und ist dann für niedrige Spannungen wegen des isolierenden Oxydes nicht zu brauchen. Wenn aber Spannungen vorliegen, die die Oxydschicht durchbrechen, oder wenn durch starken Schaltdruck und Reibung die Schicht immer wieder zerstört wird, ist Kupfer auch für tasterartige Schalter mit kurzem selbstlöschendem Lichtbogen brauchbar.

Neusilber (Legierung von Nickel, Kupfer und Zink) wird für Klingeltaster u. dgl. verwendet. Während des Weltkrieges wurde es auch in Hausklingeln an Stelle von Platin oder Silber benützt, versagt aber auf die Dauer, weil selbst kleine Fünkchen ein isolierendes Oxyd bilden.

Nirostastahl wäre als Schaltstoff wahrscheinlich recht geeignet, wenn es nicht sehr stark zum Schweißen neigen würde.

Gold ist chemisch viel widerstandsfähiger als Silber und besonders für schwache Ströme geeignet. H-Metall (angeblich größtenteils Gold) und Alba-K (Gold, Silber und Palladium) sind für Schaltzwecke hergestellte Legierungen der Heraeus G.m.b.H.

Platin ist schon in unlegiertem Zustande dem Silber in jeder Beziehung überlegen und wurde von ihm nur wegen des hohen Preises weitgehend verdrängt. Härter und als Schaltstoff noch viel besser sind seine Legierungen mit Iridium (10—30%) und Osmium.

Osmiridium (1:1) ist außerordentlich hart, chemisch kaum angreifbar und wohl der vorzüglichste Schaltstoff. Wegen seines hohen

Preises kommt es aber nur für Schalter in Betracht, von denen größte Zuverlässigkeit und geringste Abnützung verlangt wird.

Wolfram eignet sich wegen seiner Härte und weil es vom Lichtbogen verhältnismäßig wenig angegriffen wird, ausgezeichnet als Schaltstoff. Es konnte in vielen Fällen das Platiniridium ersetzen. Nützlich ist aber bei Lichtbogenbildung ein stark klopfender Schalter, der das Oxyd wegzuschlagen vermag; anderenfalls treten leicht Übergangswiderstände auf. Wolfram läßt sich wegen seiner Sprödigkeit nicht nieten, auch nicht weich löten, sondern es werden Wolframscheibchen auf Unterlagen (Schrauben z.B.) aus Eisen oder Kupfer unter hoher Hitze mit Sonderlot hart gelötet, gewöhnlich unter der Schweißmaschine. Diese Scheibchen sollen aus gezogenen Stangen geschnitten sein, da sie, wenn aus Blech gestanzt, leicht abblättern. — Wolframsilber, das ,,Elmet-Silvung" der D. Glühfadenfabrik, Berlin, mit etwa 40% Silbergehalt, vereinigt beinahe die guten Eigenschaften beider Schaltstoffe. Man kann es sogar kalt nieten, auch mit Silberlot löten. Es hat sich als Ersatz für Platiniridium besonders in den Unterbrechern und Regelschaltern von Explosionsmotoren bei 6—12 V sehr gut bewährt.

Molybdän hat ähnliche Schalteigenschaften wie Wolfram. Zwar läßt es sich besser bearbeiten als Wolfram, oxydiert aber leichter und wird daher meist nur im Vakuum verwendet.

Die nachstehende Zahlentafel 1 gibt für die wichtigsten Schaltstoffe einige Merkmale an.

Zahlentafel 1.

	Spez. Gew. g/cm³	Spez. Wid. $\frac{\Omega \cdot mm^2}{m}$	Schmelzpunkt °C	Siedepunkt °C	Wärmeleitfähigkeit $\frac{cal}{Grad/cm/sec}$	Preis von 1 g in RM
Alba-K	11,5	—	—	—	—	1,50
Gold 1000 t . . .	19,3	0,022	1063	2500	0,70	3,—
Gold 585 t . . .	—	—	—	—	—	1,86
Graphit	2,25	—	3900	—	0,012	—
H-Legierung . . .	14,5	—	1130	—	—	2,—
Kohle	1,9	—	3800	—	0,0004	—
Kupfer	8,9	0,018	1083	2300	0,90	—
Molybdän	10,2	—	2630	3560	0,35	—
Osmiridium 1:1 .	22,5	—	2420	—	—	12,25
Platin	21,4	0,105	1770	3800	0,17	6,85
,, -Irid. 10% .	21,6	0,23	1780	—	—	7,85
,, -Irid. 20% .	21,7	0,295	1820	—	—	8,85
,, -Osm. 7% .	21,7	—	1820	—	—	7,40
Silber 1000 t . . .	10,5	0,016	961	1950	1,01	0,05
Silber-Pallad. 30%	11	0,154	1205	—	—	1,10
,, ,, 50%	—	—	—	—	—	1,60
Wolfram	19,1	0,059	3400	4800	0,48	—
Wolframsilber . .	ca. 15	0,025	—	—	—	—

4. Kondensatoren.

a) Papierkondensatoren. Als Dielektrikum besitzen sie dünnes Papier besonderer Art, das mit Paraffin oder künstlichen Wachsen getränkt ist. Es müssen davon mindestens zwei Lagen verwendet werden, damit gelegentliche Löcher verdeckt sind. Für die Metallbeläge dient gewöhnlich Aluminiumfolie. Die viele Meter langen Streifen von Aluminiumfolie und an den Rändern überstehendem Papier werden auf Maschinen gewickelt, die fertigen Wickel im Vakuum getrocknet und dann mit der Wachsmasse getränkt. Den aus einem oder mehr Wickeln bestehenden Kondensator baut man meist in ein Blechgefäß ein und vergießt ihn luftdicht mit Pechmasse.

Die ursprünglich sehr hohe Isolation von 10—100 MΩ für 1 μF wird durch langsame Aufnahme von Feuchtigkeit aus der Luft im Laufe der Zeit geringer (Altern). Für Löschzwecke spielt dies an sich keine Rolle. Schlimmer ist, daß die entstandene Leitfähigkeit elektrolytischer Natur (Bildung leitender Brücken zwischen den Belägen) ist, so daß bei dauernd angelegter Gleichspannung ein Kondensator nach längerer Zeit von einem Bruchteil der Spannung zerstört wird, die er im neuen Zustande vertragen hat.

Ganz anders ist die Beanspruchung bei Wechselstrom. Hier erwärmt sich der Kondensator durch seine dielektrischen Verluste, die keineswegs als Leitfähigkeit merkbar sind, bei höheren Spannungen auch durch Glimmen, und verliert dadurch an Durchschlagsfestigkeit.

Bei der Hintereinanderschaltung von Kondensatoren ist zu beachten, daß sie zwar für Wechselstrom anwendbar ist, weil sich da die Spannungen entsprechend den kapazitiven Leitwerten verteilen. Bei Gleichstrom hingegen sind für die Verteilung der Spannung nicht die kapazitiven, sondern die ganz ungewissen Isolationswiderstände maßgebend, so daß es leicht geschehen kann, daß einer der Kondensatoren fast die ganze Spannung auszuhalten hat.

Bei den gewöhnlichen Papierkondensatoren erfolgt die Stromführung an einer Stelle des Wickels. Die dünnen Aluminiumstreifen haben aber bei ihrer großen Länge einen merklichen Widerstand, der bei hohen Frequenzen gegenüber dem dann kleinen kapazitiven Widerstande in Erscheinung tritt. Auch die Selbstinduktion ist nicht ganz zu vernachlässigen. Für solche Zwecke werden Papierkondensatoren hergestellt, bei denen die Metallbeläge in der ganzen Länge des Wickels nach den beiden Seiten herausgeführt sind.

Ein käuflicher Papierkondensator von 1 μF mit einer Prüfspannung von 1500 V ist in ein Blechgehäuse von etwa 30 cm³ eingebaut, wovon nur die Hälfte auf das Dielektrikum kommen dürfte. Bei voller Ladung beträgt die aufgespeicherte Arbeit

$$\frac{1}{2} \cdot CU_c^2 = 1 \text{ Wsck} = 0{,}1 \text{ kgm},$$

ebensoviel als ob das Gehäuse mit Luft von 6 Atm. Druck gefüllt wäre.

b) Glimmerkondensatoren. Sie werden meist aus ebenen Glimmerplatten mit Belägen aus Aluminium oder Kupfer gelegt, seltener gerollt. Die Durchschlagfestigkeit von Glimmer ist sehr hoch, etwa 60000 V/mm; doch geht man zweckmäßig nicht über 0,1 mm Stärke. Die fertigen Blöcke werden durch eine Fassung zusammengepreßt und für Beanspruchung mit hoher Spannung zur Verminderung des Glimmens oft noch mit Paraffin od. dgl. getränkt.

Glimmerkondensatoren sind bezüglich geringer Dämpfung auch bei hohen Frequenzen, Isolationswiderstand und Unveränderlichkeit den Papierkondensatoren bei weitem überlegen, erfordern aber für kleine Spannungen mehr Raum und sind wesentlich teuerer.

c) Elektrolytkondensatoren bestehen im wesentlichen aus zwei Aluminiumelektroden in einer leitenden Flüssigkeit. Das eigentliche Dielektrikum bildet eine Oxydschicht auf der positiven Elektrode, die äußerst dünn ist und daher große Kapazität besitzt. Sie läßt aber ein wenig Reststrom durch; in der anderen Stromrichtung isoliert sie überhaupt nicht. Daher sind diese Kondensatoren nur in beschränkter Weise als solche zu gebrauchen, keinesfalls als Arbeitsspeicher bei hohen Frequenzen, z. B. nach Abb. 25 (S. 24). Hingegen müßten sie für Funkenlöschschaltungen mit Dämpfung durchaus geeignet sein, scheinen aber dafür nirgends benutzt zu werden.

Es gibt zweierlei solcher Kondensatoren: 1. mit flüssigen Elektrolyten, gewöhnlich in Form zylindrischer Gefäße von etwa 80 cm^3 Inhalt, Kapazität 8 μF, Arbeitsspannung etwa 500 V. Überschlag durch kurze Stöße höherer Spannung schadet ihnen nicht; 2. „trockene" mit feuchten Elektrolyten. Sie sind ähnlich wie Papierkondensatoren gewickelt und werden schon für Spannungen von 10 V an hergestellt, haben dann viel größere Kapazität bezogen auf das Volumen.

5. Ohmkreise.

Unter einen Ohmkreis soll ein Leiterkreis verstanden werden, der nur unveränderliche Ohmsche Widerstände enthält. Die Selbstinduktion kleiner Dynamos und Gleichrichter als Stromquelle sowie die von Schiebewiderständen ohne Kreuzwicklung (besonders solcher auf Eisenrohr) und von elektromagnetischen Meßgeräten ist nicht zu vernachlässigen.

6. Veränderliche Widerstände.

Als solche kommen insbesondere die Metallfaden-Glühlampen in Betracht. Ihr Widerstand ist im kalten Zustande 12- bis 15mal kleiner als beim Brennen mit voller Spannung. Abb. 2 zeigt die gegenseitige Abhängigkeit von Spannung, Strom und Widerstand einer Wendeldrahtlampe für 220 V und 40 W.

Beim Einschalten solcher Lampen tritt daher ein sehr hoher Stromstoß auf, der zwar nur Bruchteile einer Sekunde dauert, aber Schweißen der Schaltstücke und Ansprechen der Sicherungen verursachen kann. Wird die obige Lampe, die mit etwa 0,2 A brennt, sofort nach dem Einschalten wieder ausgeschaltet, so erhält man bei Gleichstrom einen Lichtbogen von etwa 2 A, der freilich schon infolge der schnellen Widerstandszunahme der Lampe sofort wieder erlischt.

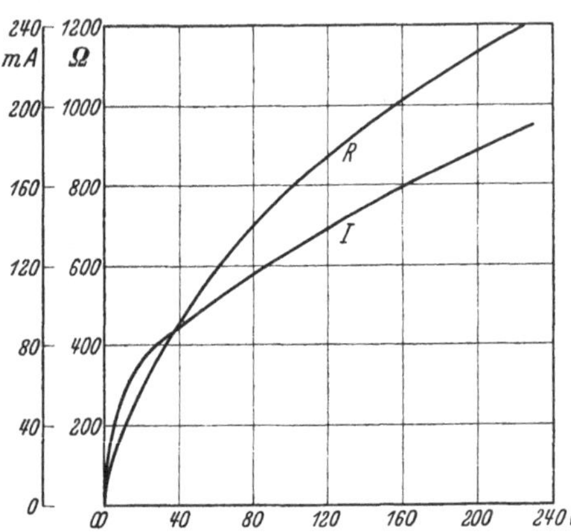

Abb. 2. Strom I und Widerstand R einer Glühlampe als Funktion der Spannung.

Auch die **Eisenwasserstoff-Widerstände**, die dazu dienen, innerhalb gewisser Spannungsgrenzen einen Strom auf gleicher Höhe zu halten, sowie die Heizwicklungen aus Wolfram von Elektronenröhren und Widerstandsöfen geben einen starken Stromstoß beim Einschalten. Zur Beseitigung desselben werden in der Funktechnik **Urdox-Widerstände** vorgeschaltet, die die entgegengesetzte Eigenschaft haben, aber einige Zeit zum Anwärmen brauchen.

Kohlenfadenlampen weisen bei voller Spannung ungefähr ein Drittel des Kaltwiderstandes auf.

7. Elektromagnete.

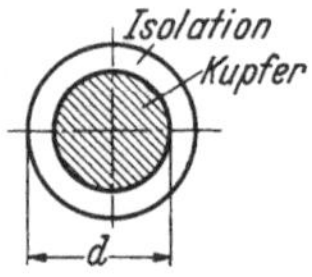

Der Widerstand einer Kupferdrahtwicklung beliebiger Form beträgt mit grober Annäherung

$$R = \frac{2{,}2}{10^6} \cdot \frac{V}{d^4}\,\Omega\,,$$

wobei V das von der Wicklung ausgefüllte Volumen in cm^3 und d (Abb. 3) den mittleren Drahtdurchmesser in cm bedeutet.

Abb. 3. Isolierter Kupferdraht.

Für einen Elektromagnet mit Anker nach Abb. 4 oder eine Drosselspule mit Luftspalt berechnet sich unter der meist zutreffenden Annahme, daß der magnetische Widerstand des Eisens gegenüber dem der Luft vernachlässigt werden kann, die Selbstinduktion nach der einfachen Gleichung

$$L = \frac{4\pi \cdot N^2 \cdot F}{10^9 \cdot a}\,.$$

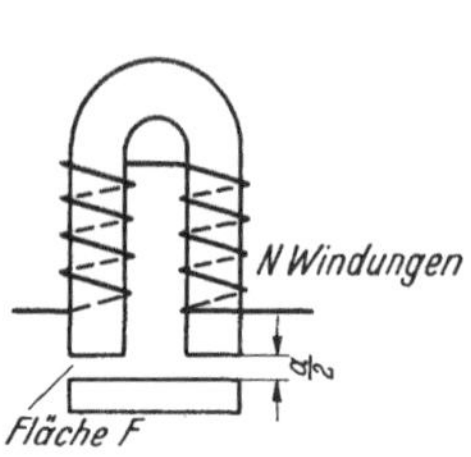

Abb. 4. Elektromagnet.

8. Schwingungskreis.

Die Eigenschwingungsdauer eines Kreises nach Abb. 5 ist

$$T_k = 2\pi\sqrt{C \cdot L}\,. \tag{1}$$

und seine Eigenfrequenz

$$f = \frac{1}{T_k}$$

Die Dämpfung des Kreises, welche er durch die in ihm vorhandenen Widerstände R erleidet, wird ausgedrückt durch das logarithmische Dekrement $\mathfrak{d}$, das angibt, um welchen Bruchteil die Amplitude des Stromes oder der Spannung in der Zeit T abnimmt.

$$\mathfrak{d} = \pi \cdot R \cdot \sqrt{\frac{C}{L}}\,. \tag{2}$$

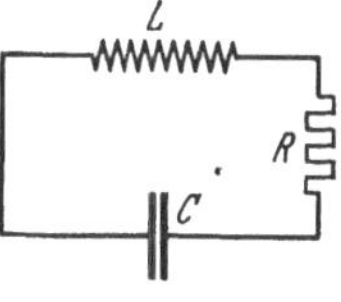

Abb. 5. Schwingungskreis

Die Schwingung verläuft aperiodisch, d. h. es kommt nicht mehr zu einer Amplitude verkehrten Vorzeichens, wenn $\mathfrak{d} > 2\pi$.

9. Gleichwertige Schaltvorgänge.

Wenn man die Vorgänge an einem Schalter in einem Kreis nach Abb. 6 mit der Spannung U_1 untersuchen will und diese gewünschte Spannung nicht zur Verfügung steht, kann man von einer höheren Spannung U_2 ausgehen und die in Abb. 7 dargestellte Abzweigschaltung benutzen. Ist es möglich, damit den Unterbrechungsvorgang am Schalter nach Abb. 6 genau nachzuahmen, und wie müssen dann die Widerstände R_1 und R_2 gewählt werden?

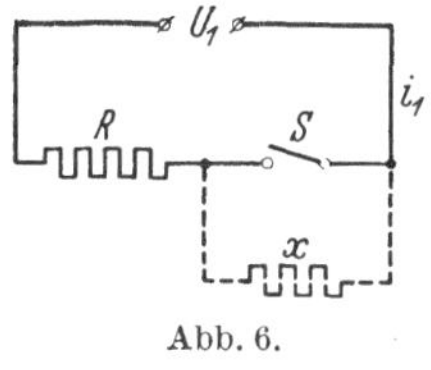

Abb. 6.

Der veränderliche Übergangs- oder Lichtbogenwiderstand am Schalter ist durch x angedeutet. Es soll für jeden beliebigen Zustand am Schalter, also beliebiges x, in beiden Fällen derselbe Strom durch x fließen. Somit

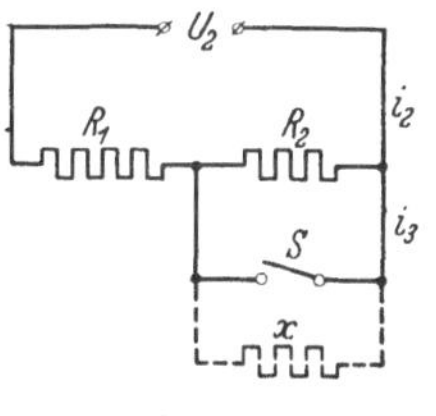

$$i_3 = i_1\,. \tag{3}$$

Abb. 7.

Dabei ist

$$i_1 = U_1 \cdot \frac{1}{R + x}\,, \tag{4}$$

$$i_3 = i_2 \cdot \frac{R_2}{R_2 + x} = U_2 \cdot \frac{1}{R_1 + \frac{R_2 \cdot x}{R_2 + x}} \cdot \frac{R_2}{R_2 + x} = U_2 \cdot \frac{1}{R_1 + \frac{R_1 + R_2}{R_2} \cdot x}\,. \tag{5}$$

Diese Gleichungen müssen auch für die Grenzwerte $x = 0$ (geschlossener Schalter) und $x = \infty$ (offener Schalter mit fast erloschenem Bogen) gelten. Es wird

$$\text{(6)} \qquad \text{für } x = 0: \quad I_1 = U_1 \cdot \frac{1}{R} = I_3 = U_2 \cdot \frac{1}{R_1},$$

$$\text{(7)} \qquad \text{für } x = \infty: \quad i_1 = U_1 \cdot \frac{1}{x} = i_3 = U_2 \cdot \frac{R_2}{(R_1 + R_2) \cdot x}.$$

Aus Gl. (6) folgt

$$\text{(8)} \qquad U_2 = \frac{R_1}{R} \cdot U_1$$

und aus Gl. (7) und (8)

$$\text{(9)} \qquad \frac{R_1 + R_2}{R_2} = \frac{U_2}{U_1} = \frac{R_1}{R}.$$

Setzt man, sozusagen versuchsweise, Gl. (8) und (9) in Gl. (5) ein, so ergibt sich

$$\text{(10)} \qquad i_3 = \frac{R_1}{R} \cdot U_1 \cdot \frac{1}{R_1 + \frac{R_1}{R} \cdot x} = U_1 \cdot \frac{1}{R + x} = i_1.$$

Es ist also für jeden beliebigen Übergangswiderstand x am Schalter $i_3 = i_1$, sofern die aus Gl. (9) abzuleitenden Bedingungen

$$\text{(11)} \qquad R_1 = \frac{U_2}{U_1} \cdot R \quad \text{und}$$

$$\text{(12)} \qquad R_2 = \frac{U_2}{U_2 - U_1} \cdot R$$

erfüllt sind.

Daher entsteht auch am Schalter in beiden Fällen jederzeit die gleiche Spannung $i_1 \cdot x = i_3 \cdot x$. Insbesondere beträgt sie in Abb. 7 bei offenem Schalter

$$\text{(13)} \qquad U_u = U_2 \cdot \frac{R_2}{R_1 + R_2} = U_1.$$

Umgekehrt lassen sich alle anderen Gleichungen ableiten, wenn man

$$\text{(6)} \qquad I_3 = I_1 \quad \text{und}$$

$$\text{(13)} \qquad U_u = U_1$$

als gegeben annimmt. Daraus ergibt sich der wichtige Satz:

„Die Vorgänge an einem gegebenen Schalter gegebener Schaltgeschwindigkeit hängen nur davon ab, wie groß der Strom bei geschlossenem und die Spannung bei offenem Schalter ist.“

Dieser Satz gilt, mit Vorsicht benutzt, auch für andere Schaltungen, wenn sie sich während des Unterbrechungsvorganges als Ohmkreise betrachten lassen, nicht aber für beliebige Schaltungen.

Das in beiden obigen Fällen gleiche Produkt $i_1 \cdot U_1$ heißt Schaltleistung und ist ein Maß für die Beanspruchung des Schalters.

Die Schaltung nach Abb. 7 ist nicht die einzige, um jene nach Abb. 6 nachzuahmen. Man kann auch nach Abb. 8 R_1 und R_2 verhältnismäßig kleiner wählen, als es die Gl. (11) und (12) verlangen, und dafür vor den Schalter einen Widerstand R_3 legen, der den Strom auf den Wert i_1 bringt. Der Leistungsverbrauch ist aber dann größer.

Beispiele. a) Ein mit Selbstunterbrecher versehener Funkeninduktor von beliebiger Selbstinduktion und vernachlässigbarem inneren Widerstande sei (Abb. 9) mit einem Vorschaltwiderstande $R = 2\,\Omega$ zum Betrieb an einem Akkumulator von $U_1 = 2$ V geeignet. Er soll an eine Batterie von $U_2 = 6$ V gelegt werden (Abb. 7). Aus obigen Gleichungen ergibt sich: $R_1 = 6\,\Omega$, $R_2 = 1{,}5\,\Omega$. Es sei eigens bemerkt, daß die Rechnung zutrifft, obwohl bei laufendem Unterbrecher die Stromstärke nie auf den vollen Wert steigt. Soll auch noch der innere Widerstand des Induktors berücksichtigt werden, so wird die Rechnung etwas umständlicher.

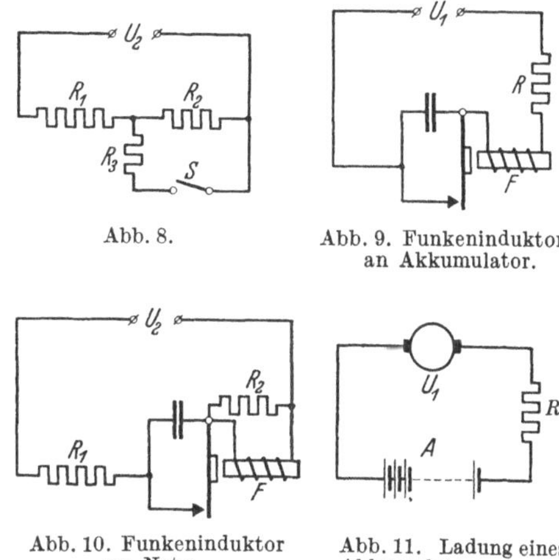

Abb. 8.

Abb. 9. Funkeninduktor an Akkumulator.

Abb. 10. Funkeninduktor an Netz.

Abb. 11. Ladung eines Akkumulators an niedriger Spannung.

b) Eine Akkumulatorenbatterie A (Abb. 11) von vernachlässigbarem inneren Widerstande werde normalerweise mit einem Vorschaltwiderstand $R = 6\,\Omega$ an einer Dynamo U_1 von 30 V aufgeladen. Letztere soll durch ein Netz U_2 von 220 V ersetzt werden (Abb. 12). Berechnet man die Widerstände R_1 und R_2 nach obigen Gleichungen ($R_1 = 44\,\Omega$, $R_2 = 6{,}9\,\Omega$), so erhält man für jeden Ladezustand der Batterie dieselbe Ladestromstärke wie nach Abb. 11.

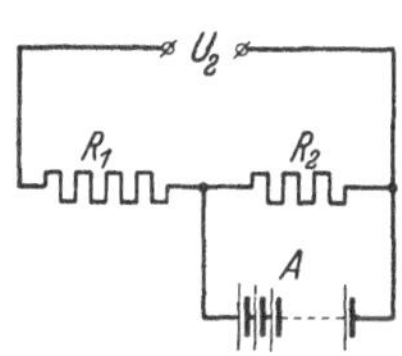

Abb. 12. Ladung eines Akkumulators im Netz.

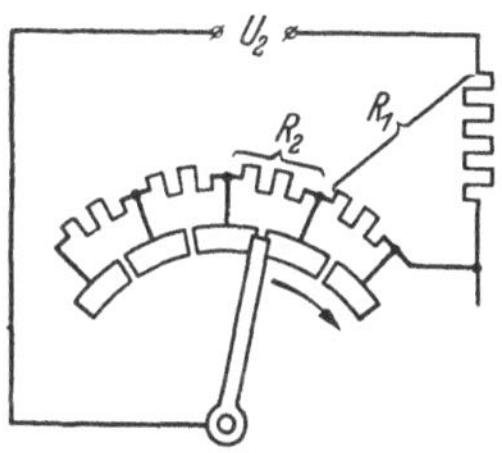

Abb. 13. Unterbrechung an Stromreglern.

Umgekehrt kommt es häufig vor, daß die Schaltung nach Abb. 7 vorliegt, z. B. bei Stromreglern nach Abb. 13. Will man wissen, welche Unterbrechungserscheinungen auftreten, wenn der Schalthebel bei der

Bewegung nach rechts den Kurzschluß des Widerstandes R_2 aufhebt, so braucht man nur den Strom bei geschlossener und die Spannung bei offener Unterbrechungsstelle zu bestimmen, und erhält den übersichtlichen Fall von Abb. 6.

Das Ausschalten von Gleichstrom.

A. Ohmkreis.

1. Der Grenzstrom i_u.

Wenn man mit einem gegebenen Schalter in Luft bei Spannungen U zwischen etwa 25 und 250 V Ströme verschiedener Stärke zu unterbrechen versucht, so findet man, daß es für jede Spannung eine gewisse Stromstärke i_u gibt, die sich bereits mit dem Schaltwege Null, also ohne daß sich ein Lichtbogen endlicher Länge bildet, unterbrechen läßt.

Sehr scharf ist dieser „Grenzstrom" meist nicht zu bestimmen, einerseits weil er eine veränderliche Größe ist, andererseits wegen der Unsicherheit der Beobachtung.

Die Höhe des Grenzstroms hängt ab:

1. Vom Schaltstoff. Geringe Beimischungen oder Verunreinigungen können erheblichen Einfluß nach oben oder unten haben.

2. Von der Temperatur. Die Abhängigkeit ist im Bereiche der Zimmertemperatur unmerklich, darüber hinaus aber sinkt der Grenzstrom um so stärker, je mehr man sich der Glühhitze nähert. Es kommt natürlich nicht auf die Temperatur des ganzen Schaltstückes an, sondern auf die der Berührungsstelle, die sich schon vor der Unterbrechung durch den Übergangswiderstand erwärmen kann. Zahlenmäßige Angaben über die Temperaturabhängigkeit fehlen.

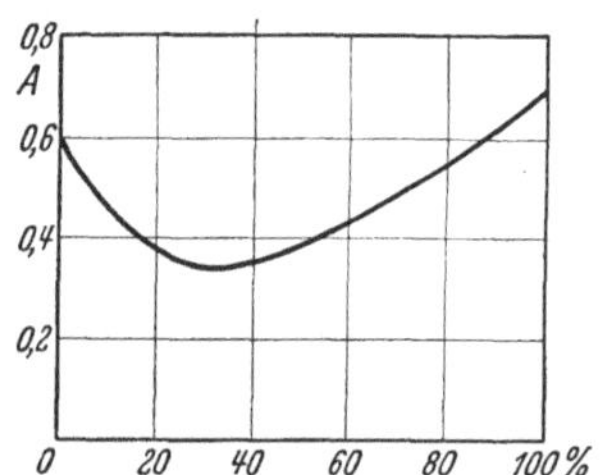

Abb. 14. Abhängigkeit des Grenzstroms von der Feuchtigkeit.

3. Von der Form der Oberfläche. Wenn es ausgesprochen scharfe Kanten sind, die sich leicht erhitzen, wird er etwas niedriger, zwischen fast flachen, großen Schaltstücken kann er fast doppelt so hoch werden, als in der folgenden Zahlentafel 2 angegeben.

4. Von der Beschaffenheit der Oberfläche. Eine Oxydschicht, von der Luft oder von früheren Lichtbogen herrührend, erhöht die Temperatur der Berührungsstelle wegen des Übergangswiderstandes und erleichtert den Lichtbogen durch ihre höhere Emissionsfähigkeit. Im gleichen Sinne wirken pulvrige Schichten des Schaltstoffes, wie sie durch Zerstäubung auf Platin und Kohle, vielleicht auch auf Silber, durch den Lichtbogen entstehen. Frisch polierte Oberflächen geben daher bei den meisten Metallen einen zwei- bis dreimal höheren Grenzstrom.

5. Von der Feuchtigkeit der Luft, vielleicht weil die Kühlung durch den Wasserstoff lichtbogenlöschend wirkt. Nach mündlicher Mitteilung von R. Holm hat er neuerdings gefunden, daß i_u von der relativen (nicht absoluten) Feuchtigkeit abhängt. Für Silber ergab sich bei 220 V die Kennlinie nach Abb. 14, also ein Mimimum für 25% Feuchtigkeit (vgl. S. 67).

Unsicher ist die Beobachtung des kurzen Unterbrechungslichtbogens insbesondere bei den unedlen Metallen, weil sie leicht glühende Oxydbrücken bilden. Bei den edlen Metallen beträgt der mögliche Fehler nur etwa $\pm 10\%$.

In der Zahlentafel 2 sind die Grenzströme i_u für eine Reihe von Schaltstoffen und einige Spannungen angegeben. Sie sind fast durchweg mit Schaltstücken von 4 mm Durchmesser aufgenommen, wie sie auf S. 1 beschrieben sind. Um praktisch brauchbare Werte zu erhalten, wurden nicht frisch polierte Oberflächen benutzt, sondern solche, die durch vorhergegangene Lichtbogen angegriffen, aber wieder abgekühlt waren. Die Zahlen sind also Mindestwerte.

Zahlentafel 2. Grenzstrom i_u in A.

Schaltstoff V =	24 V	50 V	110 V	220 V
Alba-K	4	1,3	0,6	0,4
Eisen	—	1,1[1]	1,4	0,3[1]
Gold 1000 t	>16	1,5	0,6	0,4
Gold 585 t	13	1,4	0,75	0,5
Graphit, Kohle	—	>5	0,7	0,1
H-Legierung	4,8	1,6	0,6	0,4
Kupfer, angelaufen	—	3[1]	1,3[1]	0,5
Messing	—	0,7[1]	0,4	0,3
Molybdän	>18	2,8	2,0	1,0
Neusilber	0,75	0,5[1]	0,35[1]	0,25
Nickel	—	1,2[1]	1[1]	0,7[1]
Osmiridium	>15	>5	—	>4
Platin	7,5[2]	>3	0,85	0,7
„ -Irid. 10%	>20	>5	>5	>4
„ -Irid. 20%	>20	—	—	—
„ -Osm. 7%	>20	>5	>5	2,5
Silber 1000 t	1,7	1,0	0,6	0,45
„ -Pall. 30%	3,3	1,4	0,6	0,45
„ -Pall. 50%	8,5	2	0,65	0,5
Wolfram	12,5	4	1,8	1,4
Wolframsilber	—	—	—	—
Zink	0,4	0,2	0,12	0,09
Zinn	—	1,1[2]	0,6	0,3

Die Unterbrechung unterhalb des Grenzstroms geschieht keineswegs

[1] Ungenau wegen Oxydbildung.
[2] Schweißt.

funkenlos, auch wenn Selbstinduktion möglichst vermieden ist. Bei den Metallen mit hohen Grenzstromstärken tritt sogar bei nicht zu schwachen Strömen eine explosionsartige Entladung auf, die als zackiger Funken mehrere Millimeter weit von der Berührungsstelle auf die Kathode hinausschlagen und um die Ränder kleinerer Schaltstücke herumgreifen kann. Wahrscheinlich bewirkt gerade diese Explosion die Löschung des Lichtbogens nach Art der Druckgasschalter. Wenn eine solche Zacke z. B. auf Messing trifft, dessen Grenzstrom viel niedriger ist, zündet sie da einen Lichtbogenfußpunkt und damit einen dauernden Lichtbogen. (Bei den für die Versuche zur Verfügung gestandenen Schaltstücken aus Platinlegierungen war die Edelmetallauflage nur 2 mm stark, so daß wegen des Überschlagens die volle Höhe des Grenzstroms nicht bestimmt werden konnte.)

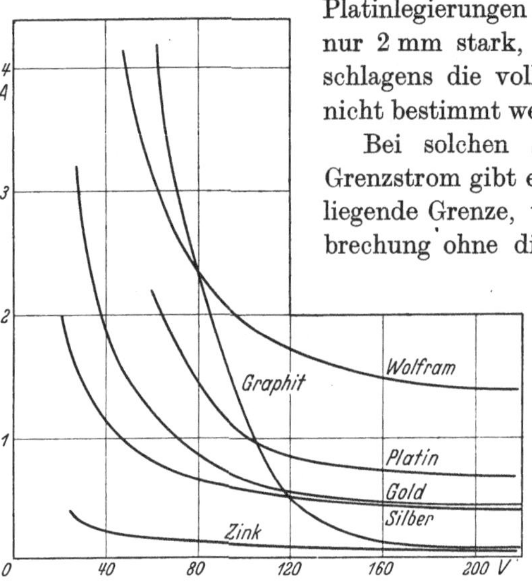

Abb. 15. Grenzströme einiger Schaltstoffe in Abhängigkeit von der Spannung.

Bei solchen Schaltstoffen mit hohem Grenzstrom gibt es eine zweite bei etwa 0,5 A liegende Grenze, unterhalb derer die Unterbrechung ohne die beschriebene Explosion, also in Form eines sanften Fünkchens, erfolgt. Man darf annehmen, daß unterhalb dieser Grenze die Abnutzung der Schaltstücke wesentlich geringer ist als oberhalb derselben.

In Abb. 15 sind für einige Schaltstoffe die Grenzstromkennlinien, in Abhängigkeit von der Spannung, wie sie sich aus obigen und anderen Messungen ergeben, dargestellt. Sie haben ungefähr die Form von Hyperbeln. Die Asymptoten derselben werden später behandelt werden.

Die Kennlinie für Kupfer ist nicht aufgeführt, weil sie zu sehr vom Oxydationszustande abhängt; die von reinem Kupfer gleicht ungefähr der von Platin.

Auffällig ist, um wieviel steiler die Kennlinie für Graphit (und die ihr gleichende von Kohle) gegenüber der der Metalle verläuft; diese Eigenschaft der Kohle, bei niedrigen Spannungen hohe Ströme unterbrechen zu können, bedingt ihre Eignung für Kollektorbürsten.

Von welchen Eigenschaften eines Schaltstoffs die Höhe des Grenzstroms abhängig ist, läßt sich kaum sagen. Genaue Untersuchungen darüber wären zu wünschen, fehlen aber vorläufig. Die Theorie der Gasentladungen hat sich damit noch nicht befaßt. Es scheint, als ob die Höhe des Schmelz- oder Siedepunktes in erster Linie maßgebend sei, vielleicht mittelbar auch die Härte, indem sie wie die Austrittsarbeit der Elektronen vom Kristallgefüge abhängt. Letzteres läßt z. B. die Wirkung eines verhältnismäßig geringen Iridiumzusatzes bei Platin vermuten. Möglicherweise hängt der Grenzstrom bei niedriger Spannung von anderen Eigenschaften ab als bei hoher Spannung.

Messung des Grenzstroms gestattet bei manchen Legierungen, z. B. von Silber, vergleichsweise den Feingehalt recht genau zu bestimmen.

Durch Verwendung ungleicher Stoffe für die beiden Kontakte und Umkehren der Stromrichtung läßt sich feststellen, welcher Pol für den Grenzstrom maßgebend ist. Z. B. ergaben bei 220 V:

Kupfer +,	Zink —	0,13 A,	ungefähr wie	Zink,
„ —,	„ +	0,5 A,	„ „	Kupfer,
Wolfram +,	Silber —	0,8 A,	„ „	Wolfram,
„ —,	„ +	0,4 A,	„ „	Silber,
„ +,	Graphit —	0,12 A,	„ „	Graphit,
„ —,	„ +	0,8 A,	„ „	Wolfram.

Offenbar ist es also die Kathode. Genaue Zahlen sind nicht zu erwarten, da unvermeidlicherweise bei der Berührung Teilchen des einen Kontaktes auf dem anderen hängen bleiben, wenn nicht sogar spurenweise eine Legierung stattfindet.

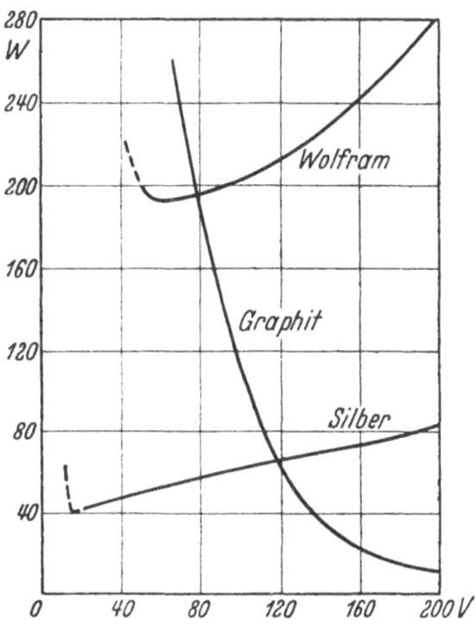

Abb. 16. Schaltleistung einiger Schaltstoffe in Abhängigkeit von der Spannung.

Bildet man aus den Werten der Grenzstromkennlinien nach Abb. 15 und den zu ihnen gehörigen Spannungen das Produkt, so erhält man jene Leistung, welche sich bei der betreffenden Spannung noch gerade lichtbogenfrei abschalten läßt. Abb. 16 zeigt für drei Schaltstoffe diese Wattkennlinien. Sie haben selbstverständlich links eine Asymptote bei U_b und brechen rechts bei U_g ab. Das unterschiedliche Verhalten von Kohlenstoff und den Metallen kommt hier besonders deutlich zum Ausdruck.

Wenngleich der Grenzstrom i_u sich nicht als genaue Naturkonstante ansprechen läßt, beruht doch in vielen Fällen die Möglichkeit, mit kleinstem Hube auszuschalten darauf, daß im wirklichen Augenblicke der Unterbrechung, der bei metallischen Schaltungen sehr kurz sein kann, der Grenzstrom nicht überschritten wird.

2. Die Lichtbogenmindestspannung U_b.

Wie aus Abb. 16 zu ersehen, nähern sich alle Grenzstromkennlinien asymptotisch einem Mindestwert, der die Bedeutung hat, daß unterhalb desselben ein Strom beliebiger Stärke lichtbogenfrei unterbrochen werden kann, daß also der kürzeste Schaltweg zur Unterbrechung genügt. Diese Lichtbogenmindestspannung werde mit U_b bezeichnet. Sie liegt für alle metallischen Schaltstoffe in angenähert der gleichen Höhe von 12 bis 15 V.

Ihre Bestimmung kann auf zwei Wegen vorgenommen werden, die, was nicht ganz selbstverständlich ist, zum gleichen Ergebnisse führen.

a) Man zieht bei beliebig höherer Spannung der Stromquelle und nicht zu schwachem Strome (etwa 10 A) zwischen den Kontakten einen Lichtbogen sehr geringer Länge, nähert dann die Kontakte wieder einander und bestimmt mit einem Voltmeter (besser mit einem Oszillografen), die kleinste Spannung am Lichtbogen, die vor der Berührung der Elektroden auftritt. Es zeigt sich, daß sie mit zunehmender Stromstärke (etwa von 2 bis 50 A) nur wenig sinkt und sich einer Grenze U_b nähert.

b) Man ändert die Spannung der Stromquelle, bis man jene Spannung U_b trifft, bei welcher sich gerade kein Lichtbogen mehr ziehen läßt. Dabei muß man aber recht hohe Stromstärken anwenden, um sich dem ersten niedrigeren Werte zu nähern.

Die Genauigkeit beider Messungen leidet dadurch, daß die Spannung eines brennenden Lichtbogens mit seiner Länge gerade zu Anfang am schnellsten steigt, weil da die Fläche der Schaltstücke noch kühlend und entionisierend auf den Bogen wirkt. Daß es wirklich eine unterste Grenze der Lichtbogenspannung gibt, die auch für beliebig starke Ströme gilt, ist durch diese Versuche nicht mit Sicherheit nachzuweisen, weil dann infolge der unvermeidlichen Selbstinduktionen und des Übergangswiderstands immer ein starkes Öffnungsfeuer auftritt, das von einem Lichtbogen nicht zu unterscheiden ist.

Von der Sauberkeit und Glätte der Kontakte sowie von ihrer Form ist die Spannung U_b fast gar nicht abhängig. Bei Kohle und Graphit liegen die nach a) und b) gemessenen Werte besonders weit auseinander, was mit der Form ihrer Grenzstromkennlinie zusammenhängt.

In Zahlentafel 3 sind die niedrigsten gemessenen Werte von U_b für einige Schaltstoffe angegeben. Die Genauigkeit beträgt ± 1 V.

Die Spannung U_b ist vom Schaltstoffe beider Pole abhängig. Wählt man statt eines Metalles Kohle als Anode, so wird sie um einige Volt höher. Sie ist ferner bei einem frisch gezogenen Bogen merklich höher als nachdem er sich „eingebrannt“ hat. An großen elektrischen Maschinen darf die Spannung zwischen zwei benachbarten Kollektorsegmenten die Größe U_b nicht viel überschreiten, da sonst Rundfeuer entstehen kann; sie darf daher bei Kohlenbürsten etwas höher gewählt werden.

Legt man mehrere Schalter in Reihe und öffnet sie gleichzeitig oder (weniger günstig) hintereinander, so kann man damit sehr starke Ströme mit kleinstem Schaltwege unterbrechen, vorausgesetzt, daß die Netzspannung nicht mehr als das entsprechende Vielfache von U_b beträgt. Dieser Vorschlag ist bereits 1893 von E. Thomson gemacht worden, der allerdings „einige 40 V" je Schaltstelle angab, was bei Kupfer nur für wenige Ampere genügt.

Zahlentafel 3. Lichtbogen-Mindestspannung U_b.

Schaltstoff	U_b V	Schaltstoff	U_b V
Kupfer	12,5	Wolfram	16
Silber, fein	12	Eisen	12—15
Silber-Pall. 30%	13	Messing, Neusilber	15
Gold	15	Zink	12
Platin	16	Kohle, Graphit	18—22

3. Der Lichtbogen.

Öffnet man einen Schalter, durch den ein Strom I größer als der Grenzstrom i_u fließt, ein wenig, so entsteht zwischen den Schaltstücken ein Lichtbogen; zugleich sinktd er Strom plötzlich von I auf einen niedrigeren Wert I_b. Er berechnet sich daraus, daß die treibende Spannung U sich um die Bogenspannung U_b vermindert hat, zu

$$I_b = I \cdot \frac{U - U_b}{U}.$$

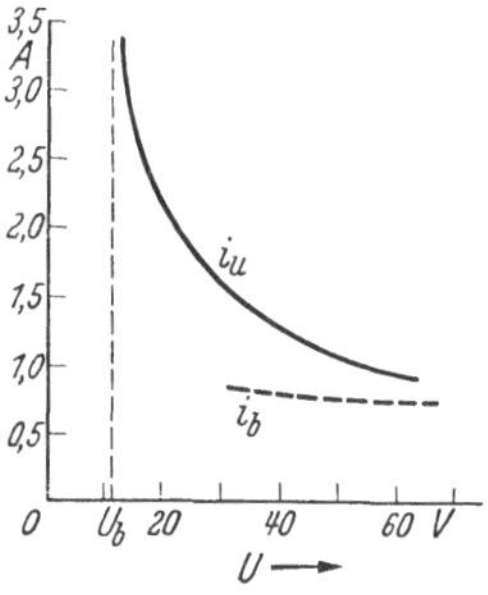

Daraus erhält man auch jenen Strom i_b, der bei der Spannung U im Schalterbogen fließt, wenn I ganz wenig i_u überschritten hat. Die entsprechende Kennlinie ist in Abb. 17 für Silber unter der Grenzstromkennlinie strichpunktiert eingezeichnet. Sie liegt für niedrige Spannungen ungefähr bei 0,8 A und dürfte für $U = U_b$, wo die obige Gleichung einen unbestimmten Wert liefert, nicht viel höher liegen. Für höhere Spannungen nähert sie sich der Kennlinie von i_u.

Abb. 17.

Wenn man einen Strom $I > i_u$ ausschalten will, benötigt man zum Löschen des Lichtbogens einen endlichen Schaltweg, die Abreißlänge. Sie ist von Spannung und Stromstärke, vom Stoff und der Form der Kontakte, aber auch von der Schaltgeschwindigkeit abhängig. Beim raschen Schalten mit schwach konvexem Silber, 220 V und 1,5 A, beträgt sie schon über 5 mm, bei langsamem Schalten noch mehr.

Für lange Lichtbogen, also höhere Spannungen und Stromstärken von 10 bis 1000 A, ist die Abreißlänge vom Stoff der Kontakte unabhängig und beträgt 1 bis 3 mm je Volt der Netzspannung vermindert um U_b.

Das Brennen des Lichtbogens erfordert, daß aus der Oberfläche der Kathode Elektronen austreten. Die Stelle, an der das geschieht, heißt Brennfleck. Man erkennt den Brennfleck, nachdem der Bogen kurze Zeit gebrannt hat, als gleichsam angeätzte Fläche. Seine Größe nimmt mit der Stromstärke zu, indem die Stromdichte im Brennfleck bei Kohle etwa 5, bei den Metallen etwa 50 A/mm² beträgt. Seine Form ist für verschiedene Kathodenstoffe verschieden. Maßgebend ist die Art, wie die Elektronen aus der Kathodenoberfläche herausgetrieben werden. Das kann auf zweierlei Art geschehen: Thermisch, indem der Brennfleck so heiß wird, daß er als Glühkathode wirkt, oder elektrisch, indem sich vor der Kathode eine hohe Feldstärke ausbildet, die die Elektronen aus dem verhältnismäßig kalten Metall herausreißt. Keine der beiden Arten tritt wohl ganz rein auf. Zur ersten Art gehören Kohle und Wolfram, zur zweiten die übrigen Metalle. Bei der ersten Art ist der Brennfleck rund und einfach, während er bei der zweiten Art unregelmäßige Form hat und oft in einzelne Punkte aufgelöst ist.

Im Brennfleck auf der Anode ist die Stromdichte 5- bis 10mal geringer; daher ist er größer und verwaschener als der kathodenseitige.

Die Temperatur in den Brennflecken ist zu 2000 bis 4000° C gemessen worden.

Der Lichtbogen haftet auf der Kathode in der Regel fester als auf der Anode, so daß man, zumal er sich auf letzterer verbreitert, den Eindruck hat, als ob er wie ein Wasserstrahl aus der Kathode hervorbräche. Zieht man mit einem Stifte od. dgl. aus einer Schiene (beide aus Messing, $U = 220$ V, Strom etwa 2 A) einen Lichtbogen und bewegt den Stift bei gleichbleibendem Abstande entlang der Schiene, so folgt der Bogen auch bei großer Geschwindigkeit der Bewegung, wenn die Schiene Anode ist, zieht sich aber schräg in die Länge und reißt ab oder folgt nur langsam, wenn sie Kathode ist. Bei Kohle ist dieser Unterschied noch stärker ausgeprägt. Er läßt sich zur Bestimmung der Polarität gebrauchen, ebenso wie folgende Erscheinung: Wenn man zwischen zwei oxydierten Kupferstücken kurz einen Lichtbogen zieht, wird die Anode schwarz, die Kathode blank. Auch bei Wolfram ist das zu bemerken. Ob das Oxyd an der Kathode chemisch reduziert oder ob es abgesprengt wird, ist nicht untersucht worden.

Der Bogen liefert an die Anode stets eine größere Wärmemenge als an die Kathode. Das hindert aber nicht, daß der Kathodenfleck heißer sein kann als irgendeine Stelle der Anode, wenigstens für kurze Zeit nach der Zündung des Bogens.

Durch ein Blech, mit dem man schnell zwischen die Elektroden fährt, läßt sich ein Lichtbogen ebenso verlängern bzw. abschneiden wie durch eine isolierende Platte, weil sich an diesem Blech kein Kathodenfußpunkt bilden kann. Das geht aber nicht mehr, wenn die Spannung zwischen dem Lichtbogen und der Anode wesentlich mehr als etwa 300 V (die weiter unten besprochene Glimmspannung U_g) beträgt. — Diese Erscheinungen sind von Bedeutung für gewisse Starkstromschalter, auf die hier nicht näher eingegangen werden kann.

Die Vorgänge im Lichtbogen und an seinen Elektroden sind in Wirklichkeit sehr verwickelt, aber dennoch von der Wissenschaft zum größten Teile aufgeklärt. Eine ausführliche und verhältnismäßig leicht verständliche Darstellung der Theorie des Lichtbogens sowie auch der sonstigen Formen von Entladungen in Gasen ist in dem vorzüglichen Buche [9] zu finden.

Als beweglicher Leiter wird der Lichtbogen von einem Magnetfelde abgelenkt. In der Starkstromtechnik macht man davon nützlichen Gebrauch. Bei Unterbrechung mit kurzem Schaltwege, wie sie hier behandelt wird, ist die Ablenkung schädlich, weil sie den Bogen an die Kante der Schaltstücke bläst, wo er sich verlängert und dann wegen der verminderten Kühlung schwerer zum Erlöschen zu bringen ist. Man soll daher derartige Schalter nicht im Streufelde von Magneten anordnen. Bei stärkerem Strome ist auch dessen eigenes Feld wirksam; die Blaswirkung nimmt mit dem Quadrat der Stromstärke zu. Ihre Richtung ergibt sich aus der Regel, daß sie die vom Strom umflossene Fläche zu vergrößern sucht. Vermeiden läßt sie sich dadurch, daß man die Zuleitungen zu den Kontakten nicht als Schleife (Abb. 18), sondern geradlinig (Abb. 19) ausführt.

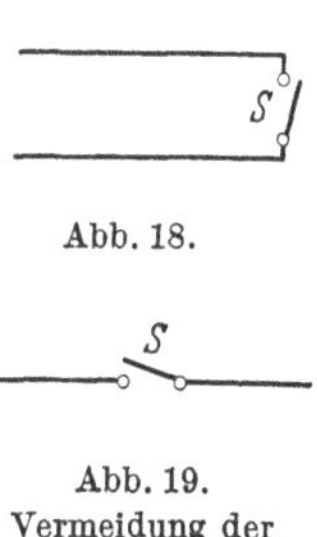

Abb. 18.

Abb. 19. Vermeidung der magnetischen Blaswirkung.

4. Das Glimmlicht und seine Mindestspannung U_g.

Versucht man, den Grenzstrom bei etwas höheren Spannungen, z. B. bei 440 V, festzustellen, so findet man keinen, d. h. der geringste Strom ist bereits imstande, die Elektroden zu überbrücken, freilich nur über sehr kurze Strecken. Die Entladungserscheinung ist aber bei geringer Stromstärke kein Lichtbogen, sondern Glimmlicht.

Dieses Glimmlicht unterscheidet sich vom Lichtbogen in mancherlei Weise. Es brennt geräuschlos, ist nicht so hell und weiß wie ein Lichtbogen und zeigt nicht das Spektrum des Elektrodenstoffes, sondern das des Gases, in dem es brennt, ist daher in Luft (Stickstoff) violett. Vor allem aber beträgt die Spannung am Schalter bei Glimmlicht (außer bei Edelgasen) mindestens gegen 300 V. Infolgedessen erhitzt es die Elektroden, und zwar fast nur die Kathode, viel mehr als ein Lichtbogen wesentlich höherer Stromstärke. Die Stromdichte im Glimmlicht liegt in der Größenordnung von 0,1 A/mm^2, beträgt also fast 1000 mal weniger als im Lichtbogenbrennfleck. Daher bedeckt das Glimmlicht schon bei schwachem Strom gleichmäßig eine verhältnismäßig große Oberfläche auf der Kathode.

Ähnlich wie der Lichtbogen läßt sich auch das Glimmlicht „ziehen“, d. h. die Spannung, welche genügt, um beim Öffnen eines Schalters ein Glimmlicht von z. B. 0,2 mm Länge zu erzeugen, reicht bei weitem nicht aus, um diese Strecke zu durchschlagen. Die Überschlagspannung dafür beträgt nämlich (vgl. Abb. 18) gegen 1000 V. Hingegen steigt die Brennspannung des Glimmlichtes von 0 auf 0,2 mm nur um etwa 20 V. Damit ist das „Ziehen“ erklärt. Die Überschlagspannung bezeichnet man auch als „Zündspannung“, die Brennspannung, unterhalb welcher das Glimmlicht erlischt, als „Löschspannung“. Bei kürzestem Abstande ist aber, im Gegensatz zum Lichtbogen, die Zündspannung nicht merklich höher als die Brennspannung. Das läßt sich nur durch Versuche in verdünnten Gasen deutlich zeigen.

Diese Glimmlicht-Mindestspannung wird im folgenden mit U_g bezeichnet.

Man kann die Spannung U_g hinreichend genau dadurch bestimmen, daß man zwischen zwei Kontakten, an die ein Voltmeter gelegt ist, Glimmlicht brennen läßt und die kleinste Spannung feststellt, die man bei Näherung der Elektroden ablesen kann. Sie ist von der Form und der Temperatur der Elektroden sehr wenig abhängig, nur vom Stoff derselben und vom Gas, in dem die Entladung stattfindet. Aber auch da sind die Unterschiede gering, sofern es sich nicht um Edelgase (Neon, Argon, Helium) handelt. Maßgebend ist aber die äußerste Schicht der Elektrode, so daß dünne Überzüge von Fremdstoffen oder Oxyden die Glimmspannung merklich ändern. Folgendes Beispiel sei angeführt: Bei den neongefüllten Glimmlampen für 220 V bestehen die Elektroden aus Eisendrähten, U_g beträgt 140 V. Für 110 V werden die Drähte mit einer dünnen Schicht von Barium überzogen, wodurch U_g auf 75 V sinkt.

In der nebenstehenden Zahlentafel 4 ist für einige Metalle die Glimmspannung U_g angegeben, und zwar sind unter 1) Werte aus [6] aufgeführt, die vermutlich in verdünnter Luft

Zahlentafel 4. Glimmlicht-Mindestspannung U_g.

Schältstoff	1 V_g V	2 V_g V
Blei	—	285
Eisen	269	290
Gold 1000 t	285	—
Kupfer	250	280
Messing	—	290
Molybdän	—	335
Neusilber	—	280
Nickel	226	275
Osmiridium	—	295
Platin	310	300
Platin-Iridium 20%	—	300
Platin-Osmium 7%	—	310
Silber 1000 t	280	300
Silber-Palladium 50%	—	315
Wolfram	—	325
Zink	277	300
Zinn	266	310

an reinem Metall gemessen sind, und unter 2) Werte, die der Verfasser an Schaltstücken gefunden hat, die durch vorhergehende Versuche mit Lichtbogen angegriffen waren, also Werte, die praktischen Verhältnissen entsprechen. Letztere Zahlen dürften auf $\pm$ 10 V genau sein.

Daß die Werte unter 2) höher sind, und zwar besonders bei den unedlen Metallen, beruht vermutlich auf den bei Versuchen in freier Luft sich bildenden Oxydschichten. Bei Aluminium, Kohle und Graphit läßt sich durch Schaltversuche die Glimmgrenzspannung nicht feststellen, weil hier schon sehr schwache Ströme eine Art Lichtbogen statt des Glimmlichtes entstehen lassen, wohl infolge der Verbrennungswärme.

Die Grenzstromkennlinie, deren rechtes Ende Abb. 20 beispielsweise für Silber zeigt, springt also bei der Spannung U_g mehr oder weniger scharf von einem endlichen Werte auf Null. Dennoch hat ihre punktiert angedeutete stetige Fortsetzung einen Sinn. Sie gibt nämlich an, oberhalb welcher Stromstärke man beim Öffnen nicht Glimmlicht, sondern Lichtbogen erhält.

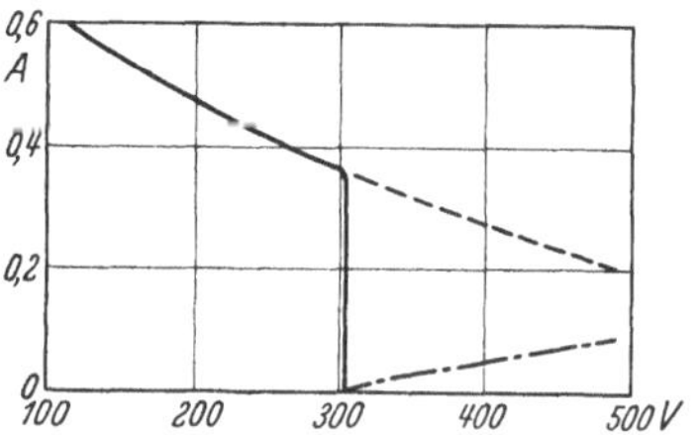

Abb. 20. Grenzspannung für Glimmlicht.

Wie beim Lichtbogen ist auch beim Glimmlicht der Strom nach dem Öffnen des Schalters kleiner als vorher, und ähnlich wie dort gilt für den Glimmstrom bei ganz wenig geöffnetem Schalter

$$i_g = I \cdot \frac{U - U_g}{U}.$$

Daraus folgt, daß i_g für $U = U_g$ verschwindet und sich für höhere Spannungen langsam I nähert. Diese Kurve ist in Abb. 20 strichpunktiert eingezeichnet. Die gemeinsame Asymptote für beide Kurven ist nur durch Versuche mit sehr hohen Spannungen bestimmbar. Nach Messungen, die mit 3000 V vorgenommen wurden, dürfte sie ungefähr folgende Werte haben:

Wolfram .	0,09 A,
Silber . .	0,1 A,
Platin . .	0,1 A,
Kupfer . .	über 0,32 A.

Oberhalb dieser Ströme geht das Glimmlicht in Lichtbogen über.

5. Die Überschlagspannung.

Für Luft von gewöhnlichem Drucke und zwischen schwach konvexen Funkenstrecken, z. B. genügend großen Kugeln, gilt bekanntlich bis zum Abstande von einigen Zentimetern das Gesetz, daß die Überschlagspannung rd. 32000 V/cm beträgt. Das trifft aber nicht mehr für sehr kleine Abstände zu, und es wäre verfehlt, z. B. für 220 V eine Schlagweite von etwa 0,1 mm berechnen zu wollen. Vielmehr ist, wie schon oben gesagt, die kleinste Spannung, welche Luft zu durchschlagen vermag, gleich der Glimmlichtmindestspannung U_g, beträgt also gegen 300 V. Die Überschlagspannung ist daher vom Abstand a etwa so abhängig, wie es Abb. 21 darstellt.

Genau genommen ist auch das nicht ganz richtig. Bei sehr kleinen Entfernungen steigt die zum Überschlag erforderliche Spannung wieder. Das entspricht dem Hittorfschen Versuch mit der Umwegröhre und Verdünnung des Gases. Die Folge davon ist aber nur, daß bei sehr kleinen Abständen der Überschlag nicht an der nächstgelegenen Stelle der Kontakte, sondern seitwärts stattfindet.

Auch in porösen, flüssigen und festen Körpern beginnt für kleine Abstände das Glimmen ungefähr bei derselben Spannung. Die elektrische Festigkeit (Überschlagspannung je Zentimeter) ist aber bei guten Isolatoren ein Vielfaches von jener der Luft, so daß die Kennlinie der Schlagweite viel steiler als nach Abb. 21 verläuft, aber dennoch bei ungefähr 300 V beginnt. Kommt bei kleineren Spannungen ein Überschlag zu stande, so ist das auf eine Brücke merklicher Leitfähigkeit (meist Feuchtigkeit) zurückzuführen, die durch Erwärmung den Durchschlag einzuleiten fähig ist.

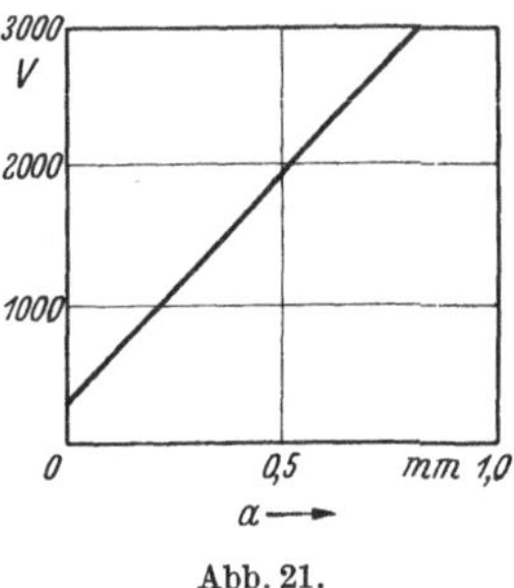

Abb. 21.

Bei Wechselstrom kann auch zwischen nichtleitenden Oberflächen Glimmlicht entstehen, wozu ungefähr dieselbe Mindestspannung erforderlich ist. Diese Erscheinung ist für die bei hoher Belastung in geschichteten Isolierstoffen auftretenden Verluste verantwortlich zu machen, die eine innere Erwärmung und daher einen vorzeitigen Durchschlag von Isolatoren und Kondensatoren verursachen[1].

Die Mindestspannung U_g ist der Grund, warum im allgemeinen die Prüfung der Isolation eines Apparates mit niederer Spannung keinen Wert hat. Zwei Metallteile, die sich fast berühren, halten diese Prüfung aus, können aber bei einer kleinen Verschiebung zur Berührung gelangen. Daher werden solche Prüfungen in der Regel mit 1000 V Wechselstrom (Spitzenspannung 1400 V!) vorgenommen, was einer Luftstrecke von ungefähr $^1/_4$ mm entspricht.

6. Die drei Spannungsbereiche.

Die Lichtbogenmindestspannung U_b und die Glimmindestspannung U_g sind für verschiedene Schaltstoffe wenig verschieden. Sie trennen daher

[1] Burstyn, W.: Die Verluste in geschichteten Isolierstoffen ETZ 1928, S. 1289, und Gernant, A.: Die Verlustkurve lufthaltiger Isolierstoffe Z. techn. Physik, Bd. 13, S. 14.

in natürlicher Weise und ziemlich scharf drei Spannungsgebiete voneinander ab, die auch, mehr oder weniger bewußt, in der Technik unterschieden werden.

1. Niederspannung, bei der sich jeder Strom mit kleinstem Schaltwege unterbrechen läßt. Sie ist fast ungefährlich, weil der Körper sie nicht fühlt und weil Schalter und durchbrennende Sicherungen keine Lichtbogen ziehen. Ein Brand kann nur durch Ohmsche Wärme entstehen. Die Niederspannung wird daher für unzuverlässige Anlagen (Hausklingeln, Lichtanlagen in Autos u. dgl.) benützt. — Die von den Vorschriften des VDE gezogene obere Grenze von 40 V für Niederspannung ist deswegen berechtigt, weil sie für Berührung auch noch ungefährlich ist und die für Fernmeldezwecke u. dgl. verwendeten Stromstärken meist noch unter der Grenzstromstärke für diese Spannung liegen.

2. Mittelspannung. Selbst die kürzeste Isolationsstrecke wird nicht durchschlagen. In der üblichen Höhe von 150—220 V dient sie zur Verteilung der elektrischen Energie in Hausanlagen. Kurze Berührung ist im allgemeinen noch nicht lebensgefährlich. — Bei 220 V Wechselstrom beträgt die Scheitelspannung schon $220 \cdot \sqrt{2} = 310$ V und liegt damit schon an der Hochspannungsgrenze.

3. Hochspannung. Isolation kann durchschlagen werden. Hätten die Lichtleitungen 440 statt 220 V, so würde die Zahl der Unglücksfälle und Isolationsstörungen auf weit mehr als das Doppelte steigen. — Die Hochspannung reicht stetig bis zu den höchsten Spannungen.

7. Die Löschung des Unterbrechungsfunkens.

a) Aufgabe. Die Entladungserscheinungen bei der Unterbrechung eines stärkeren Stromes erhitzen die Kontakte und greifen sie an, um so mehr, je länger sie dauert. Man sucht sie daher möglichst rasch zu bewerkstelligen. Schnelle Verlängerung des Lichtbogens durch schnelle Schaltbewegung oder magnetisches Ausblasen sind bekannte Mittel. Hier sollen nur jene Verfahren besprochen werden, die ohne solche Verlängerung, also mit möglichst kurzem Schaltwege, den Bogen oder das Glimmlicht löschen, zunächst für Ohmkreise. (Löschen des Selbstinduktionsfunkens s. S. 25.) Als Mittel dient der Kondensator, der in verschiedenen Schaltungen angewandt werden kann.

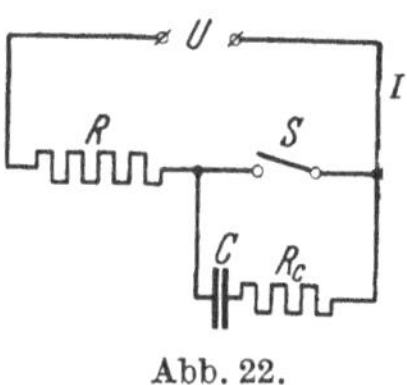

Abb. 22.

b) Widerstand mit Vorschaltkondensator parallel zum Schalter. (Abb. 22). Der durch den Widerstand R fließende Strom I soll unterbrochen werden. Im Nebenschluß zum Schalter S liegt der Kondensator C in Reihe mit dem Widerstande R_c.

Wir wollen zunächst annehmen, der Kondensator sei so groß, daß er beim Öffnen des Schalters im ersten Augenblicke einen Kurzschluß bildet. Dann kann man die Regel von S. 8 benutzen, wonach der Unterbrechungsvorgang davon abhängt, wie groß der Strom vor der Unterbrechung und die Spannung nach der Unterbrechung ist. Somit gewinnt man durch diese Schaltung nichts bezüglich der Stromstärke, wohl aber bezüglich der zu unterbrechenden Spannung, die ja statt U nur $U_u = U \cdot \frac{R_c}{R + R_c}$ beträgt. Ein Lichtbogen am Schalter wird also vermieden werden, wenn der Strom $I = \frac{U}{R}$ unter der Grenzstromstärke für U_u (s. Abb. 15) liegt. Aus der Hyperbelform seiner Kennlinie folgt ohne weiters, daß eine Herabsetzung der Spannung um einen bestimmten Bruchteil, z.B. ein Drittel, bei einer Spannung von 220 V wenig nützt, wohl aber sehr bei den niedrigen Spannungen der Fernmeldetechnik.

Mäßige Größe des Kondensators vermindert die Wirkung merklich. Denn der Schalter unterbricht wegen des immer vorhandenen Übergangswiderstandes (s. S. 52) nicht ganz plötzlich, um so weniger als seine Geschwindigkeit anfangs Null ist. Infolgedessen lädt sich der Kondensator schon vor der endgültigen Unterbrechung ein wenig auf. Z. B. ergab sich noch lichtbogenfreie Unterbrechung für

$$U = 220\ \text{V}, \qquad R_c = 100\ \Omega$$

laut Zahlentafel 5.

Zahlentafel 5.

Schaltstücke aus	$C =$ 16	2	1	0 μF
Silber . . .	0,75	0,5	0,45	0,4 A
Wolfram . .	1,8	1,6	1,5	1,4 A (Grenzstrom)

Noch schädlicher wäre diesbezüglich das Prellen. Darüber s. S. 59.

Auch stärkere Ströme kann man löschen, wenn man R_c so klein wählt, daß U_u nahe an U_b herunterkommt. Z. B.:

$$U = 220\ \text{V}, \qquad C = 1\ \mu\text{F},$$
$$I = 2{,}2\ \text{A}, \qquad R_c = 5\ \Omega,$$

woraus sich $U_u = 11$ V berechnet.

Scheinbar ließen sich beliebig starke Ströme unterbrechen, wenn man ohne Rücksicht auf das Schließungsfeuer R_c noch weiter verkleinert. Aber abgesehen davon, daß die Selbstinduktion der Netzzuleitungen sich bei starken Strömen mehr geltend macht, vollzieht sich bei kleinem R_c die Löschung in anderer Weise, wie im nächsten Abschnitt dargestellt.

Den Löschkreis statt zum Schalter zum Widerstande R parallel zu legen, ist deswegen ungünstiger, weil dann der Kondensator den Stoß der Netzselbstinduktion nicht abfangen kann.

c) Schwingungskreis parallel zum Schalter (Abb. 23). Macht man in der Schaltung nach Abb. 22 $R_c = 0$, so erhält man die nach Abb. 23. Mit ihr lassen sich in der Tat ziemlich starke Ströme unterbrechen. Die übliche Erklärung ihrer Wirkungsweise ist folgende:

„Beim Öffnen des Schalters nimmt der Kondensator als Speicher zunächst den ganzen Strom auf. Bis er sich auf eine erhebliche Spannung geladen hat, ist der Abstand der Kontakte schon so groß, daß ihn die Kondensatorspannung nicht mehr durchschlagen kann."

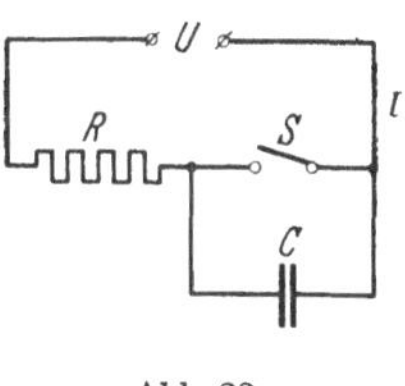

Abb. 23.

Wenn der Vorgang so verliefe, dürfte man an der Schaltstelle auch nicht das kleinste Fünkchen sehen. Es tritt aber, wenigstens bei stärkeren Strömen, immer auf. Noch deutlicher ist folgender Versuch:

Die Verhältnisse seien so gewählt, daß der Strom sicher gelöscht wird, z. B. $U = 220$ V, $I = 2$ A, $C = 1\,\mu$F. Legt man unmittelbar vor C einen Widerstand von $10\,\Omega$, so versagt die Löschung. Legt man den selben Widerstand unmittelbar vor den Schalter, so sollte das nach der obigen Erklärung das Löschen begünstigen, weil ja der Strom noch mehr Grund hätte, den C-Zweig zu bevorzugen. Tatsächlich wird die Löschwirkung ebenso vernichtet wie im ersten Falle.

Es muß also, mindestens dann, wenn die Unterbrechung nicht ganz funkenlos erfolgt, die Löschung anders erklärt werden, und zwar so: Der aus Schalter und Kondensator gebildete Kreis stellt einen Hochfrequenzschwingungskreis dar, auch wenn seine Selbstinduktion nur aus den Leitungen besteht. (Wenn diese ungefähr die Form eines Kreises von 10 cm ⌀ haben und $C = 1\,\mu$F ist, beträgt die Frequenz f etwa 300000 Hz.) An der Unterbrechungsstelle entsteht ein Lichtbogen, der je nach Umständen ein kaum sichtbares Fünkchen bildet oder bis zu einigen Zehntel Millimeter lang wird. Dieser Bogen vermag infolge der guten Kühlung durch das Metall der Kontakte den Kreis zu ungedämpften Schwingungen seiner Eigenfrequenz zu erregen. In Abb. 24 bedeutet I den Gleichstrom, der im Augenblick der Öffnung des Schalters ein wenig absinkt. Zugleich beginnt der Hochfrequenzstrom i_k sich aufzuschaukeln, bis er die Höhe I erreicht, aber im Bogen entgegengesetzte Richtung hat. In diesem Augenblicke beträgt der Gesamtstrom im Bogen $I - i_k = 0$; der Bogen erlischt und zündet infolge der Kühlwirkung der Kontakte nicht wieder. — Übrigens braucht $I - i_k$ nicht ganz auf 0 zu sinken, sondern nur bis auf den Grenzstrom, der allerdings bei starken Strömen durch die Erhitzung der Schaltstelle etwas erniedrigt ist.

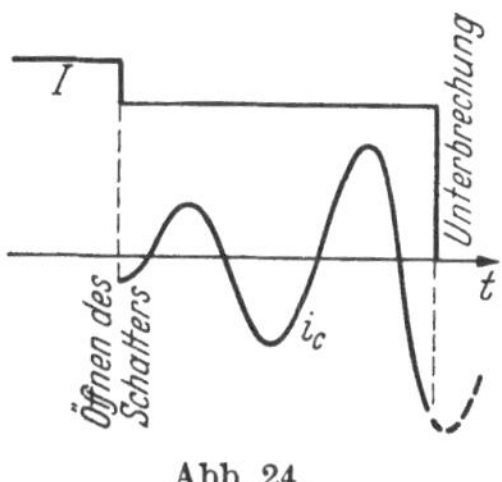

Abb. 24.

Nahe oberhalb des Grenzstromes üben schon kleine Kapazitäten eine überraschend große Löschwirkung aus. So benötigt man bei Silber für 220 V, 2 A nur 1000 cm.

Da mit zunehmender Frequenz die von Bogen, Kondensator und Leitungen hervorgerufene Dämpfung steigt und zugleich wegen Verkürzung der wirksamen Zeit die Löschung schlechter wird, ist es bei stärkeren Strömen nützlich, die Schwingungsdauer durch Einfügen einer Selbstinduktion L_c vor den Kondensator zu verlängern[1]. Schon eine kleine Spule von wenigen Windungen oder längere (nicht bifilare) Zuleitungen genügen hierfür (Abb. 25).

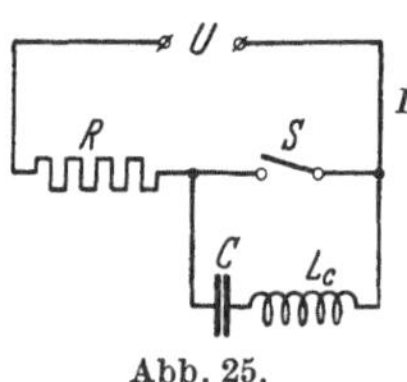

Abb. 25.

Die Abhängigkeit der größten löschbaren Stromstärke von Kapazität und Wellenlänge[2] des Löschkreises ist für $U = 220$ V und Schaltstücke aus Silber und Platin aus Abb. 26 ersichtlich. Es wäre verfehlt, die Maxima ausnützen und mit kleinen Kondensatoren und allzu niedrigen Frequenzen arbeiten zu wollen. Denn dann entstehen die Schwingungen erst bei einer gewissen Länge des Bogens, z. B. 0,5 mm, und verhältnismäßig langsam, so daß der Schalter nicht zu wenig und nicht zu schnell geöffnet werden darf. Je schneller das Öffnen geschieht, desto höher muß man die Frequenz des Löschkreises wählen. Die rechte Seite der Kurven kommt keinesfalls in Betracht.

Damit die Schwingungen sich gut ausbilden können, soll der Löschkreis wenig gedämpft sein. Die Versuche zu Abb. 26 wurden mit Glimmerkondensatoren ausgeführt; Papierkondensatoren sind weit ungünstiger. Auch die Spule L_c soll kleine Dämpfung besitzen; solche mit Hochfrequenzeisenkern (Sirufer) dürften sich deswegen und wegen ihrer geringen Größe gut eignen.

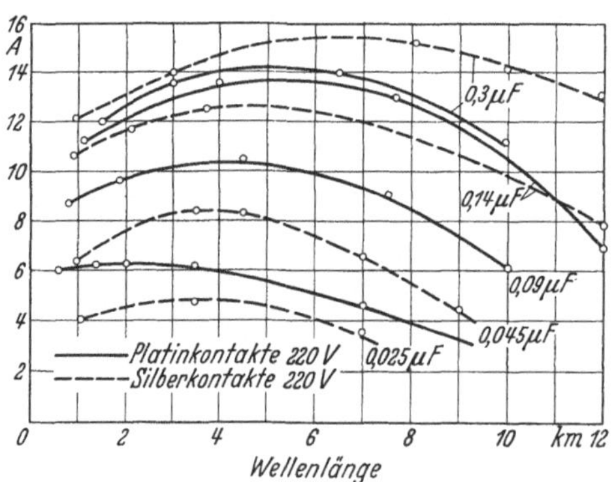

Abb. 26. Abhängigkeit der löschbaren Stromstärke vom Schaltstoff usw.

Die Wirkung der Dämpfung kann man zur Anschauung bringen, wenn man einen Taster mit etwa 1 mm Hub und als L_c eine flache Spule von etwa vier Windungen und 80 mm ⌀ benützt. Man wählt C so, daß z. B. 5 A gerade mit Sicherheit gelöscht werden. Legt

[1] DRP. Nr. 274 771 von W. Burstyn.

[2] Die Wellenlänge in km ist gleich $\frac{300\,000}{f}$.

man auf die Spule ein Messingblech, so verhindert die induktive Dämpfung das Löschen. Der nun brennende kurze Bogen erlischt sofort, wenn man das Blech wegnimmt.

Welche Spannung der Kondensator bei der Löschung erreicht, läßt sich angenähert daraus berechnen, daß die Amplitude I_k des Schwingungsstromes etwa ebenso groß sein muß wie der Gleichstrom I:

$$I = I_k = 2\pi \cdot f \cdot C \cdot U_c\,,$$

woraus sich z.B. für $I = 6$ A, $C = 1\,\mu$F, $f = 10^5$ ergibt: $U_c = 100$ V.

Die immerhin eine gewisse Zeit erfordernde Entwicklung der Schwingungen erhitzt die Kontakte, und das ist eine schlechte Vorbereitung für das endlich erfolgende Löschen, wo sie ja den Bogen kühlen sollen. Daher lassen sich auch mit dieser Schaltung nur mäßige Ströme, praktisch bis etwa 10 A, unterbrechen. In Wasserstoff oder Leuchtgas kommt man erheblich weiter.

Ob die Spannung U etwas weniger oder mehr als U_g beträgt, macht hier keinen merklichen Unterschied. — Den Löschkreis an R statt an den Schalter zu legen, ist aus dem zu Abb. 22, S. 22 angegebenen Grunde schlechter, noch mehr deswegen, weil die schnellen Schwingungen über das Netz verlaufen müßten und dadurch gedämpft oder unterdrückt werden können.

Fraglich ist es, ob schnelle Schwingungen — wenigstens solche von mehr als $^1/_4$ Periode Dauer — auch dann auftreten, wenn die Unterbrechung ohne sichtbares Fünkchen geschieht. Der Löschkreis muß dabei allerdings so bemessen sein, daß er weit stärkere Ströme zu löschen fähig wäre; z.B.:

$$U = 220\text{ V},\qquad C = 2\,\mu\text{F},$$
$$I = 1{,}5\text{ A},\qquad L_c = 0{,}0001\text{ H},$$

oder

$$U = 220\text{ V},\qquad C = 16\,\mu\text{F},$$
$$I = 2{,}2\text{ A},\qquad L_c = 0{,}0002\text{ H}.$$

B. Induktiver Kreis.

1. Das Ausschalten einer Selbstinduktion.

In einem reinen Ohmkreise ist keine elektromagnetische Energie aufgespeichert. Es ist daher grundsätzlich denkbar, den Strom in unendlich kurzer Zeit zu unterbrechen. Bleibt man hinreichend unter der Grenzstromstärke, so geschieht dies auch, und der bei größeren Stromstärken entstehende Lichtbogen ist von diesem Standpunkt aus keine physikalische Notwendigkeit.

Anders, wenn nach Abb. 27 außer dem Widerstand R eine Selbstinduktion L in Reihe mit dem Schalter S liegt. Wir wollen vorläufig annehmen, daß es sich um eine „reine“ Selbstinduktion (z.B. einen

Elektromagneten mit unterteiltem Eisen) handelt, die also nicht durch Wirbelströme od. dgl. gedämpft ist; ihr Ohmscher Widerstand ist zu R zu rechnen. Dann hat der Schalter nicht nur den Ohmschen Strom zu unterbrechen, sogar unter erschwerenden Bedingungen, sondern er muß auch noch die ganze in der Selbstinduktion aufgespeicherte elektromagnetische Energie $A = \frac{1}{2} \cdot L \cdot I^2$ vernichten, d. h. in Wärme verwandeln, wobei als Widerstand die entstehende Entladungserscheinung dient. Dadurch erhitzen sich die Kontakte, und das hat eine merkliche Herabsetzung ihrer Löschwirkung und somit des Grenzstromes zur Folge.

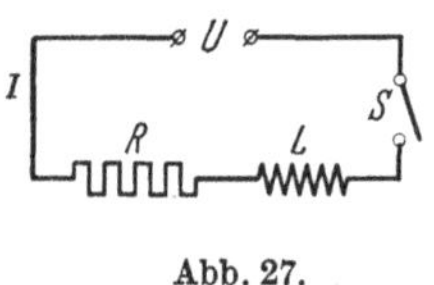

Abb. 27.

Der Ausdruck dafür, wie weit sich der Kreis von den Eigenschaften eines Ohmkreises entfernt, ist die Größe L/R, das ist die Zeitkonstante T_r des Kreises. Da sich daraus bei gegebener Spannung und Stromstärke $A = \frac{1}{2} \cdot U \cdot I \cdot T_r$ ableiten läßt, ist T_r auch maßgebend für die Verschlechterung der Löschwirkung.

Es liegt keine ausführliche Untersuchung darüber vor, auf welche Größe i_p dadurch der Grenzstrom herabgesetzt wird. Sicher ist, daß i_p für größere Selbstinduktionen bei Silber und Wolfram auf weniger als die Hälfte des Wertes von i_u für 220 V sinken kann, bei Platiniridium (wohl wegen der schlechteren Wärmeleitung) noch weiter.

Immer bewirkt die Trägheit der Selbstinduktion, daß im allerersten Augenblick nach der Öffnung des Schalters der Strom in unverminderter Stärke weiter fließt. Was aber dabei und weiterhin vor sich geht, kann sehr verschieden sein. Wir wollen die Erscheinungen für zwei Arten der Schalterbewegung betrachten.

1. Der Schalter wird nur sehr wenig geöffnet, wie dies z. B. bei Selbstunterbrechern die Regel ist. Dann sind folgende Fälle zu unterscheiden:

a) $U < U_g$, I wesentlich kleiner als der Grenzstrom i_p (s. oben). Es entsteht Glimmlicht, welches in der Ausschaltzeit t_a die Energie A verzehrt. Die Netzspannung U, vermehrt um die Selbstinduktionsspannung, ist gleich der Spannung am Widerstande R vermehrt um die Netzspannung:

$$U - L \cdot \frac{di}{dt} = i \cdot R + U_g .$$

Die Lösung dieser Gleichung ergibt

$$(14) \qquad i = \frac{U - U_g\left(1 - e^{-\frac{t}{T_r}}\right)}{R} = I - \frac{U_g}{R}\left(1 - e^{-\frac{t}{T_r}}\right),$$

worin $T_r = \frac{L}{R}$. Der Strom sinkt also nach einer Exponentialkurve von I auf Null (Abb. 28). Die Ausschaltzeit beträgt

$$t_a = -T_r \cdot \ln \frac{U_g - U}{U_g}. \tag{15}$$

Für Spannungen, die klein gegen U_g sind, kann man angenähert setzen:

$$t_a = T_r \cdot \frac{U}{U_g}. \tag{16}$$

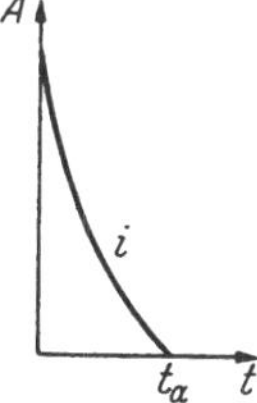

Abb. 28.

Hat z. B. ein Relais $L = 1$ H und $R = 500\,\Omega$, so ist $T_r = 0{,}002$ s, und bei 60 V wird $t_a = 0{,}0004$ s.

Die im Glimmlicht insgesamt vernichtete Arbeit beträgt wegen der Nachlieferung seitens der Stromquelle U mehr als A, nämlich

$$A_g = U_g \cdot I \cdot t_a,$$

somit für kleines U nach Gl. (16)

$$A_g = U \cdot I \cdot T_r = U \cdot I \cdot \frac{L}{R} = L \cdot I^2 = 2\,A.$$

Für größeres U wird A_g noch größer, wie aus Gl. (14) leicht zu entnehmen.

In der eben beschriebenen Weise erfolgt die Unterbrechung nur, solange am Schalter ein kleines, ruhiges Fünkchen auftritt. Bis zu welcher Stromstärke das zutrifft, ist unsicher und die Grenze sehr unscharf. Sie mag für großes T_r etwa bei $1/2$ bis $2/3$ von i_p liegen.

b) $U < U_g$, I größer als im Falle a), aber immer noch kleiner als i_p. Die Unterbrechung verläuft bei kleinem T_r wie im Falle a). Bei großem T_r hingegen entsteht nicht mehr ruhiges Glimmlicht, sondern eine Entladung, welche jener ähnelt, die z. B. Platiniridium wenig unterhalb des Grenzstromes in einem Ohmkreise zeigt und wohl auch als Glimmlicht aufzufassen ist. Sie sieht explosionsartig aus, oft schlagen (auch bei Messing) stichflammenähnliche Funken mehrere Millimeter weit die Kathode entlang, auch um deren Kanten herum. Die Unterbrechung erfolgt vermutlich nicht nach einem einfachen Gesetz wie im Falle a).

c) $U < U_g$, $I > i_p$, aber kleiner als i_u bei der Spannung U. Es entsteht zunächst ein Lichtbogen, der wie das Glimmlicht nach a) Energie verzehrt, aber langsamer, da U_g in Gl. (14) durch das etwa 20mal kleinere U_b zu ersetzen ist. Sobald dadurch die treibende Spannung auf einen solchen Wert gesunken ist, daß ihr der gleichzeitig gesunkene Strom als Grenzstrom entspricht (vielmehr etwas später, weil sich der Kathodenfleck abkühlen muß), geht der Bogen in Glimmlicht über, welches den restlichen Strom nach a) oder b) unterbricht.

d) $U < U_g$, I größer oder wenig kleiner als i_u für U. Der gezogene Lichtbogen erlischt nicht.

e) $U < U_b$, I beliebig groß. Der Schalter unterbricht immer, je nach der Stromstärke unter Bildung von Lichtbogen oder Glimmlicht.

f) $U > U_g$, $I < i_p$. Das entstehende Glimmlicht erlischt nicht. Dieser Fall tritt z. B. ein, wenn man an 440 V einen elektromagnetischen Selbstunterbrecher arbeiten läßt, dessen Zeitkonstante T_r dank einem Vorschaltwiderstande klein ist. Bei offenem Schalter ist dann der Strom infolge der Gegenspannung U_g des brennenden Glimmlichtes so schwach, daß der Anker fast wie bei völliger Unterbrechung abfällt.

g) $U > U_g$, $I > i_p$. Der gezogene Lichtbogen bleibt bestehen.

2. Der Schalter wird schnell und reichlich weit geöffnet:

h) Bedingungen wie unter a), b) oder f). Es entsteht nur Glimmlicht, das aber wegen des Widerstandes der Glimmsäule schneller erlischt als nach Gl. (15). Dieser Art ist das Fünkchen, welches an den Selbstunterbrechern der Hausklingeln zu beobachten ist.

i) Bedingungen wie unter c). Der Vorgang spielt sich ähnlich wie dort ab, doch ist bei großem T_r ein niedrigerer Grenzstrom als für Ohmkreise einzusetzen. Das liegt daran, daß der Lichtbogen in voller Stärke ausgezogen wird und nicht wie in einem Ohmkreise schon bei kleinstem Abstand der Kontakte unter deren Kühlwirkung erlischt. Man kann hier folgende für die Theorie des Grenzstromes bedeutsame Beobachtung machen: Ein Bogen, den man mit einem gerade schon einen solchen ergebenden Strom auf z. B. 3 mm Länge gezogen hat und der in dieser Länge weiterbrennen würde, erlischt, wenn man die Kontakte wieder auf einen kleinen Abstand einander nähert, obgleich dabei der Strom etwas steigt.

k) Bedingungen wie unter d) oder g). Das ist der gewöhnliche Fall in der Starkstromtechnik. Der entstehende Lichtbogen ist länger als in einem Ohmkreise und muß durch Ausziehen oder Ausblasen gelöscht werden.

Man muß in allen Fällen damit rechnen, daß die Überspannung am Schalter die Spannung U_g erreicht oder sogar etwas übersteigt. Weit darüber steigt sie nur im Falle k), wenn der Bogen magnetisch oder pneumatisch ausgeblasen wird. Die in gleicher Höhe beanspruchte Isolation der Wicklung L ist entsprechend zu bemessen.

Der Unterbrechungsfunken greift die Kontakte stark an. Aus diesem Grunde sucht man ihn besonders bei oft beanspruchten Schaltern zu unterdrücken. Außerdem verhindert er eine plötzliche Unterbrechung des Stromes, wie sie häufig erwünscht ist, z. B. bei Funkeninduktoren und Feldmagneten. Die zu treffenden Maßnahmen sind in den nächsten Abschnitten behandelt.

2. Die Löschung des Selbstinduktionsfunkens durch Dämpfung.

a) Widerstand parallel zur Selbstinduktion (Abb. 29). Der Spule L mit ihrem Eigenwiderstande R_s liegt der dämpfende Widerstand R_d parallel; außerdem ist ein Vorschaltwiderstand R vorhanden. Welche Wirkung hat R_d auf den Funken am Schalter S?

Wir dürfen hier das Gesetz von S. 8 anwenden, wonach die Unterbrechungserscheinung davon abhängt, wie groß der Strom vor und die Spannung nach der Unterbrechung ist. Für letztere ist allerdings nicht die Netzspannung U einzusetzen, sondern jene Spannung U_u, die am Schalter bei plötzlicher Unterbrechung entsteht.

Da dabei der Strom $I_s = \frac{U}{R + R_s}$ in voller Stärke weiter zu fließen strebt, entwickelt L im geschlossenen Kreise LR_sR_d eine Induktionsspannung, von der auf R_d der Teil

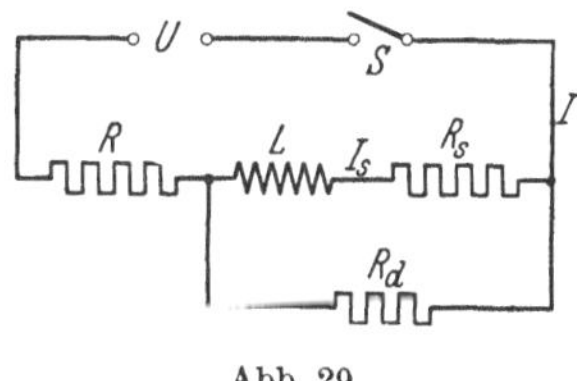

Abb. 29.

(17) $$U_d = I_s \cdot R_d$$

entfällt.

Sie hängt also überraschenderweise gar nicht von L ab. U_d ist zugleich die am Schalter auftretende Überspannung.

Der Schalter hat demnach den Strom $I = I_s + I_d$ und die Spannung

(18) $$U_u = U + U_d$$

zu unterbrechen. Das geschieht ohne Lichtbogen, wenn

$$I < i_u \text{ für } U_u$$

und ohne Glimmlicht, wenn

$$U_u < U_g.$$

Ähnlich wie beim Ausschalten einer Selbstinduktion ohne Nebenschluß können verschiedene Erscheinungen auftreten. Drei Beispiele mögen betrachtet werden:

1. U ist eine Lichtnetzspannung und I so groß, daß beim Ausschalten ein Lichtbogen entsteht. Seine Länge und schädliche Leistung können durch einen Widerstand R_d stark herabgesetzt werden. Zugleich wird die Spannungsbeanspruchung der Spulenwicklung vermindert. Dieser Fall ist die Regel beim Ausschalten von Feldern elektrischer Maschinen. R_d wird einige Male größer als R_s gewählt.

2. $U = 60$ V, $R = 0$, $R_s = 200\,\Omega$, $I_s = 0{,}3$ A. Ohne Nebenwiderstand entstünde eine Überspannung, die am Schalter Glimmlicht erzeugen und die Isolation der Spulenwicklung gefährden würde. Durch einen Widerstand $R_d = 600\,\Omega = 3\,R_s$ wird $I = 0{,}4$ A und $U_u = 60 + 0{,}3 \cdot 600 = 240$ V, so daß weder Lichtbogen noch Glimmlicht entsteht.

3. Die Summerschaltung. In der Funktechnik wird (oder wurde) zur Erzeugung wenig gedämpfter Schwingungen für Meßzwecke die Schaltung nach Abb. 26 verwendet. Eine mit Selbstunterbrecher S versehene Magnetspule L (etwa 10 Ω) ist durch einen Widerstand R_d (etwa 40 Ω) überbrückt und liegt in Reihe mit dem abstimmbaren Schwingungskreise K. Die in dessen Selbstinduktion aufgespeicherte magnetische Energie entlädt sich bei Unterbrechung des Stromes in den Drehkondensator und klingt in Form schneller Schwingungen des Kreises K langsam ab. In einem Empfänger hört man nur dann den Ton sauber, wenn die Unterbrechungen ganz plötzlich geschehen, weil jeder Übergangswiderstand, also auch das kleinste Fünkchen, eine Dämpfung und Verstimmung des Schwingungskreises bedeutet. Die Praxis hat gezeigt, daß man bei den üblichen Abmessungen des Summers für U nur ein bis zwei, nicht aber drei Trockenelemente in Reihe verwenden darf, und eine angenäherte Nachrechnung ergibt, daß in letzterem Falle die Spannung am Unterbrecher 12 V übersteigt. Danach scheint es, daß für eine wirklich plötzliche Unterbrechung U_b nicht überschritten werden darf; darüber hinaus bilden sich offenbar auch unterhalb der Grenzstromstärke Fünkchen.

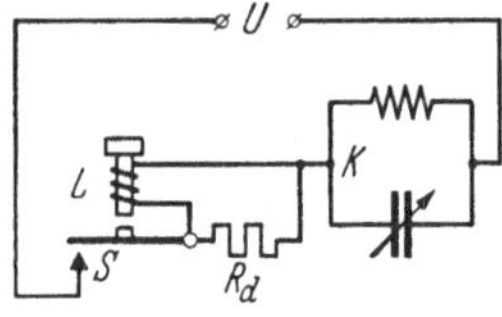

Abb. 30. Summer als Hochfrequenzerzeuger.

Der Nebenschlußwiderstand R_d erhöht den Stromverbrauch und hindert das rasche Verschwinden des Magnetismus. Ist L ein Elektromagnet mit Anker, so fällt dieser langsamer ab. Das kann manchmal stören, manchmal erwünscht sein. Auch wird im Gegensatz zu den Kondensatorschaltungen der remanente Magnetismus nicht beseitigt.

Eine nicht ganz hierher gehörige, aber in ihrer Wirkung ähnliche Schaltung sei noch erwähnt, die die Unterbrechung einer Selbstinduktion

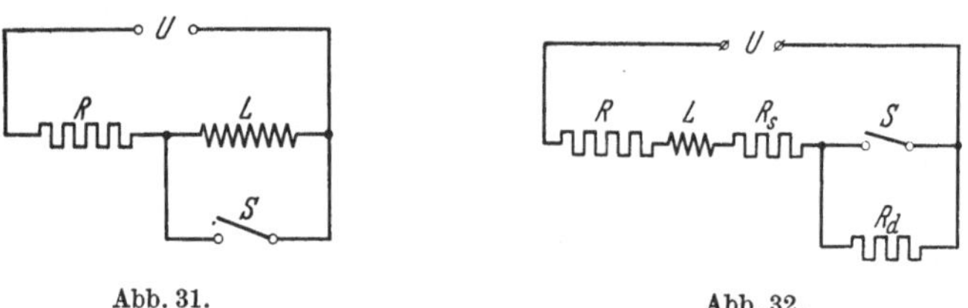

Abb. 31. Abb. 32.

ersetzt, nicht bewirkt (Abb. 31). Der Schalter S schließt die Selbstinduktion L, der ein Widerstand R vorgeschaltet ist, kurz und hat beim Öffnen nur einen Ohmschen Strom $\frac{U}{R}$ zu unterbrechen, arbeitet also bei niedrigen Spannungen oder Strömen funkenfrei. Die Schaltung eignet sich z. B. für ein Bimetallthermometer, das ein Relais für den Strom eines Widerstandsofens betreibt.

b) Widerstand parallel zum Schalter (Abb. 32). Diese Schaltung ist hinsichtlich des Stromverbrauchs dann sparsamer, wenn der Schalter in der Regel geschlossen ist. Die an ihm auftretende Spannung berechnet sich in ähnlicher Weise wie dort zu

$$U_u = I \cdot R_d = U \cdot \frac{R_d}{R + R_s}. \tag{19}$$

Sie kann also im Gegensatz zu a) niedriger als U werden und ist z. B. für $R_d = R + R_s$ gleich U, als ob ein Ohmkreis vorläge. — An Strom kann hier in geeigneten Fällen noch dadurch gespart werden, daß man für R_d Metallfadenlampen nimmt, deren Widerstand nach erfolgter Unterbrechung steigt.

Ein oft störender Nachteil dieser Schaltung ist, daß der Strom nicht ganz unterbrochen wird.

c) Widerstand mit Vorschaltkondensator parallel zum Schalter (Abb. 33). Die in der eben beschriebenen Schaltung durch den Widerstand R_d bedingte Stromvergeudung sowie den besonderen Nachteil der Schaltung b) kann nach Abb. 33 dadurch beseitigt werden, daß man in Reihe mit dem dämpfenden Widerstande R_d einen Kondensator C legt, dessen Kapazität zunächst sehr groß gedacht sei.

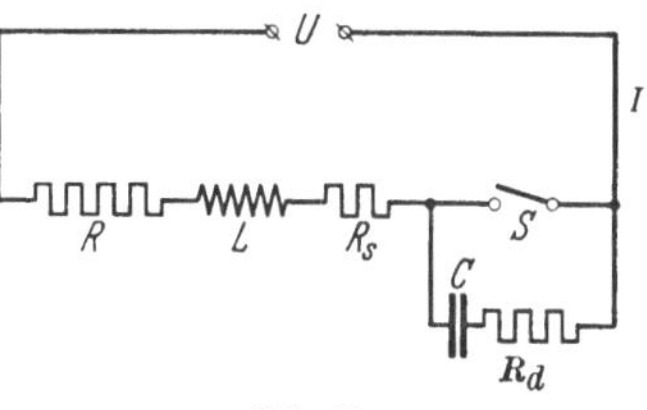

Abb. 33.

Diese in der Fernmeldetechnik sehr häufig angewandte Schaltung entspricht der nach Abb. 22 (S. 21) für Ohmkreise, nicht etwa der Schaltung nach Abb. 25, wenigstens dann, wenn R_c nicht allzu klein ist. Der Verkleinerung von R_c, die für die Funkenlöschung nützlich wäre, ist mit Rücksicht auf die Lebensdauer des Schalters eine Grenze gesetzt durch das Schließungsfeuer des Kondensators, das bei gegebener Spannung U auch von C (gewöhnlich 1 bis einige μF) abhängt und auch dessen Vergrößerung begrenzt. Diesbezügliches s. S. 72.

Wie für die Schaltungen a) und b) gilt auch für diese, daß der zu unterbrechende Strom I durch den Löschkreis nicht herabgesetzt wird, sondern nur die Spannung auf

$$U_u = I \cdot R_d = U \cdot \frac{R_d}{R + R_s}. \tag{20}$$

Alle diese Schaltungen geben nur unter der Grenzstromstärke für U_u eine lichtbogenfreie Unterbrechung und sind wegen der Hyperbelform der Grenzstromkennlinien (vgl. S. 22) für niedrige Netzspannungen besonders wirksam.

Ebendort ist erklärt, warum man C nicht beliebig klein machen darf. Hier verbietet es noch ein zweiter Grund, der im folgenden erörtert wird.

Nach erfolgter Unterbrechung fließt der Strom I zunächst in voller Stärke in den Kondensator (Abb. 34) und klingt als Schwingung i_c ab, die von der Summe aller vorhandenen Widerstände (bei nicht unterteiltem Eisen von L auch durch die Wirbelströme) gedämpft wird. Schwingungsdauer T_k und Dekrement $\mathfrak{d}$ entsprechen den Gl. (1) und (2) (S. 7). Zugleich mit der Unterbrechung beginnt die Aufladung des Kondensators. Seine Spannung u_c (Abb. 35) schwingt um den Wert $-U$, auf dem sie ja schließlich stehen bleiben muß. Ihre Amplitude, bezogen auf das Niveau $-U$, ergibt sich bei Vernachlässigung der Ohmschen Widerstände aus der Gleichsetzung der magnetischen und elektrischen Arbeit

$$\tfrac{1}{2}\, L \cdot I^2 = \tfrac{1}{2}\, C \cdot U_c^2$$

zu

$$(21) \qquad U_c = I \cdot \sqrt{\frac{C}{L}}$$

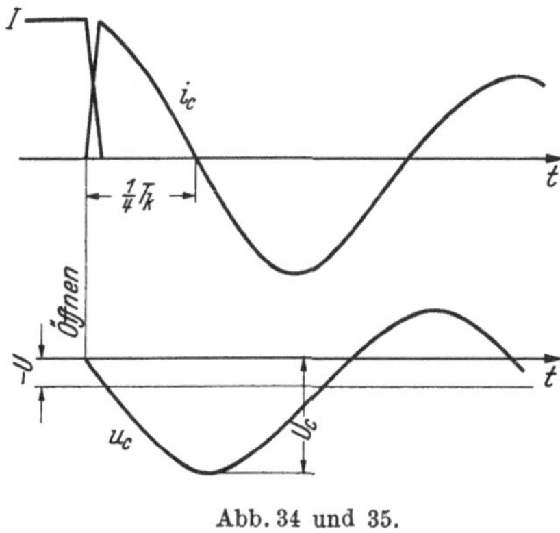

Abb. 34 und 35.

und findet etwa $\frac{1}{4}\, T_k$ nach der Unterbrechung statt. Wie hoch U_c wirklich wird, das hängt vom Dekrement ab. Ist $\mathfrak{d}$ etwa 1 oder kleiner — das ist für die Abb. 34 und 35 angenommen und trifft praktisch zu, wenn $R = 0$ und R_s nur aus dem Eigenwiderstand einer Magnetspule besteht — so erreicht U_c fast den Wert nach Gl. (21). Die am Schalter gleichzeitig auftretende Höchstspannung U_u' wird ebenso hoch[1]. Sie darf die Überschlagspannung des Schalters, der in diesem Augenblicke ja noch nicht weit geöffnet ist, die aber doch mindestens U_g beträgt, nicht übertreffen; sonst wird die Schaltstrecke durchschlagen und die schon erfolgte Unterbrechung wieder zunichte gemacht. Auch mit Rücksicht auf die Isolation der Wicklung wird man U_c — diese Spannung entsteht ja auch an L — oft auf U_g beschränken wollen. Damit folgt aus Gl. (21) als sichere Mindestgröße für den Kondensator

$$(22) \qquad C = \frac{I^2 \cdot L}{U_g^2}\,.$$

Beispiel: $U = 60$ V, $I = 1$ A. $R = 0$,
$R_s = 60\,\Omega$, $L = 0{,}1$ H,

Mit $R_d = 30\,\Omega$ wird nach Gl. (20) $U_u = 20$ V, und da bei dieser Spannung $i_u > 1$ A (s. Abb. 15, S. 12), wird die Unterbrechung lichtbogenfrei erfolgen. Der Kondensator muß nach Gl. (21) mindestens etwa 1 μF haben. Dabei wird $T = 0{,}002$ sec und $\mathfrak{d} = 0{,}9$.

[1] Höher kann sie nicht werden. Die Berechnung ist nicht einfach.

Ist $\mathfrak{d}$ hingegen groß, etwa 6 oder mehr, so werden U_c und U_u' nicht merklich höher als U. Das ist z. B. dann der Fall, wenn R groß gegen R_s ist.

Nötigenfalls kann man die auftretende Höchstspannung leicht mit Hilfe einer Glimmlampe messen, z. B. in der Schaltung nach Abb. 36. Das Potentiometer mag etwa 1 MΩ haben; die Zündspannung der Glimmlampe wird vorher mit Gleichstrom gemessen.

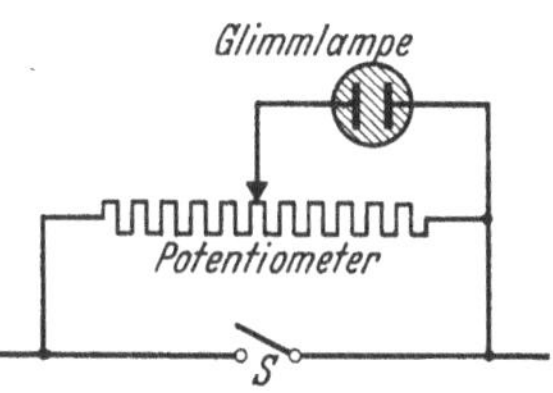

Abb. 36. Messung der Überspannung.

Bei dieser Schaltung und überhaupt bei allen Löschschaltungen mit Kondensator tritt, wenn $\mathfrak{d}$ niedrig ist, eine meist erwünschte Nebenerscheinung ein: Die über L und C verlaufenden Schwingungen beseitigen den remanenten Magnetismus des Eisenkerns.

d) Induktive Dämpfung der Selbstinduktion. Der Nachteil des Mehrbedarfs an Strom in der Anordnung nach Abb. 29 läßt sich auch dadurch vermeiden, daß man den Widerstand R_d nicht unmittelbar, sondern nach Abb. 37 induktiv an die Selbstinduktion L legt. In der Regel wird das so gemacht, daß man unter die Magnetwicklung eine in sich kurzgeschlossene blanke Kupferwicklung auf die Spule bringt oder den Spulenkörper aus Kupfer macht (Abb. 38). Eine solche Sekundärwicklung D wirkt nach den Transformatorgesetzen so, als ob der Selbstinduktion ein Widerstand

$$R_d = R_s \cdot \frac{Q_s}{Q_d} \cdot \frac{d_d}{d_s} \tag{23}$$

parallel läge, wobei Q_s und Q_d den gesamten Kupferquerschnitt, d_s und d_d den mittleren Durchmesser der Magnetwicklung bzw. der Dämpferwicklung bedeuten.

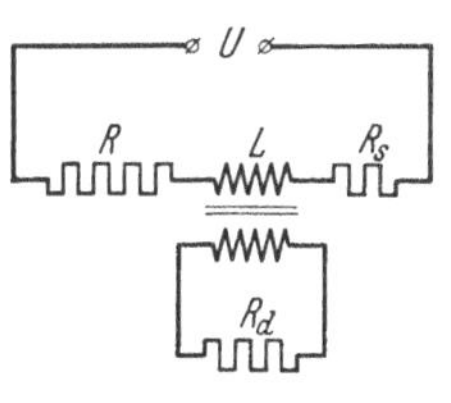

Abb. 37. Induktive Dämpfung.

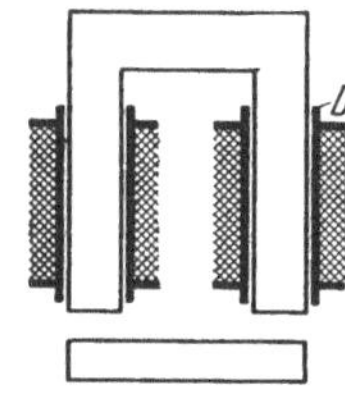

Abb. 38. Dämpfung durch kupferne Spulenkörper.

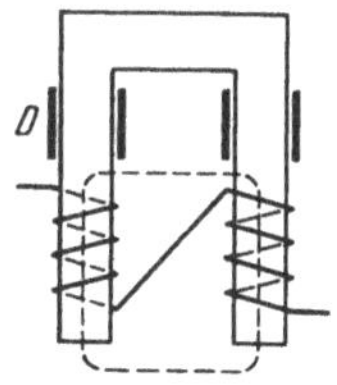

Abb. 39. Falsch angebrachte Dämpfung.

Man muß aber beachten, daß eine solche Dämpferwicklung keine Streuung haben darf, d. h. alle von der eigentlichen Magnetwicklung erzeugten magnetischen Kraftlinien umschließen muß. Eine Anordnung nach Abb. 39 bei welcher den Kraftlinien der punktiert angedeutete ungedämpfte Streuweg frei steht, wäre fast unwirksam.

Jeder Elektromagnet, dessen Eisen nicht unterteilt ist, wirkt in gewissem Grade gemäß Abb. 38.

Die am Schalter auftretende Unterbrechungsspannung berechnet sich nach Gl. (18), wobei für R_d der Wert aus Gl. (23) einzusetzen ist.

e) Dämpfung durch Entladestrecken. Ein gelegentlich sehr nützliches Mittel besteht in einer Glimmröhre, gefüllt mit verdünntem Edelgas, deren Ansprechspannung bis auf 70 V heruntergebracht werden kann. Selbstverständlich darf im Dauerzustand an die Röhre keine so hohe Spannung gelangen; nur der Induktionsstoß darf sie hervorrufen. Nötigenfalls sind zwei oder mehr Röhren in Reihe anzuwenden. Gewöhnlich wird man die Röhre der Selbstinduktion parallel legen.

Der Strom I, der ja im Augenblicke der Öffnung voll durch die Glimmröhre geht, darf ein gewisses von der Größe der Röhre abhängiges Maß nicht überschreiten, da sonst das Glimmlicht in Lichtbogen übergeht und unter Umständen die Röhre zerstört.

Man kann auch[1] Glimmlampe und Kondensator gleichzeitig anwenden, wobei beide parallel liegen oder erstere an der Selbstinduktion, letztere am Schalter. Mehr als die Summe der Einzelwirkungen ist dabei nicht zu erwarten.

f) Dämpfung durch Polarisationszellen. Eine Wasserzersetzungszelle sperrt Gleichspannungen bis zu 2 V und besitzt zugleich eine beträchtliche Kapazität. Für ganz kleine Leistungen wurden solche Zellen, bestehend aus zwei Platinblechen von je etwa 0,25 cm² in verdünnter Schwefelsäure, in Glasröhrchen eingeschmolzen und deren fünf in Reihe zur Löschung des Funkens an Fritterrelais benutzt.

Ähnlich wirken die flüssigen Elektrolytkondensatoren (S. 5), wenn die Überspannung die Betriebspannung derselben (etwa 500 V) überschreitet.

g) Dämpfung durch Gleichrichter. Eine sehr elegante Schaltung besteht darin, der zu dämpfenden Selbstinduktion einen Gleichrichter so parallel zu legen, daß er zwar keinen merklichen Nebenschluß für den normalen Gleichstrom bildet, wohl aber den entgegengesetzten Induktionsstoß durchläßt. In Betracht kommen dafür wohl nur Trockengleichrichter. Auf eine Zelle eines solchen kann man etwa 10 V rechnen, so daß man für hohe Spannungen eine größere Anzahl in Reihe legen muß. Eine höhere als die Netzspannung kann dann nicht entstehen.

3. Die Löschung des Selbstinduktionsfunkens durch einen Kondensator.

a) Kondensator parallel zur Selbstinduktion. Das natürlichste Mittel, um den Stoß einer Selbstinduktion („Extrastrom") aufzufangen und für

[1] DRP. Nr. 624 724 von S. & H.

den Schalter unschädlich zu machen oder wenigstens zu schwächen, besteht darin, der Selbstinduktion nach Abb. 40 einen Kondensator parallel zu legen.

Er ist bei geschlossenem Schalter auf die Spannung $I \cdot R_s$ geladen. Sofern die Unterbrechung plötzlich geschieht, behält er auch einen Augenblick danach diese Spannung, so daß am Schalter nur die Spannung

$$U_u = U - I \cdot R_s = U\left(1 - \frac{R_s}{R + R_s}\right) \tag{24}$$

auftritt. Die Unterbrechung wird plötzlich, d. h. lichtbogenfrei, erfolgen, wenn I kleiner als der Grenzstrom i_u für die Spannung U_u ist.

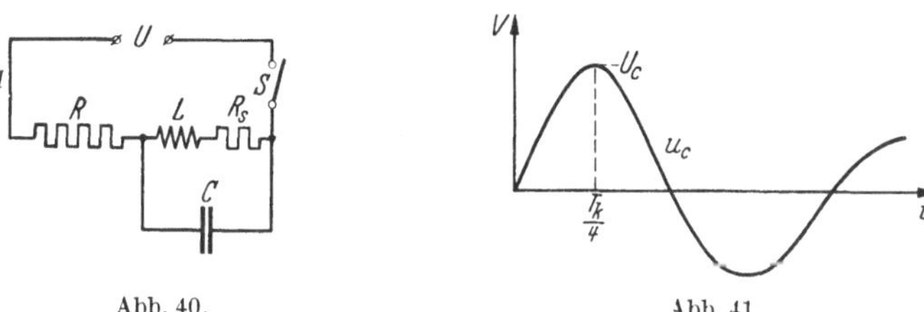

Abb. 40. Abb. 41.

Nach der Unterbrechung schwingt die in L aufgespeicherte magnetische Arbeit sich im Kreise $L\,C R_s$ tot. Die Spannung u_c des Kondensators verläuft nach Abb. 41. Für T_k und U_c gelten die Gl. (1) und (21) (S. 32), in die Gl. (2) für das Dekrement $\mathfrak{d}$ ist als Widerstand nur R_s einzusetzen. Am Schalter entsteht die Höchstspannung $U_u' = U + U_c$, woraus sich bei kleinem $\mathfrak{d}$ für den Kondensator die Mindestgröße

$$C = \frac{I^2}{(U_g - U)^2 \cdot L} \tag{25}$$

ergibt.

Z. B. wäre für $L = 0{,}25$ H, $U = 60$ V, $I = 1$ A ungefähr $C = 0{,}25\ \mu$F nötig.

Vergleicht man die Schaltungen nach Abb. 33 und 40 miteinander unter der Voraussetzung, daß beide Male derselbe Magnet und dieselbe Stromstärke benutzt werden, so scheint U_u im zweiten Falle gemäß Gl. (24) niedriger und damit der löschbare Strom höher gemacht werden zu können als gemäß Gl. (20). In Wirklichkeit darf man aber mit Rücksicht auf den Schließungsfunken (vgl. S. 48) im zweiten Falle R nicht kleiner wählen als R_d im ersten Falle, und dann wird U_u für beide Schaltungen gleich hoch. Die erstere hat den meist ausschlaggebenden Vorteil, daß man $R = 0$, die Wicklung L dünndrahtiger und damit den Stromverbrauch niedriger machen kann. Die zweite Schaltung hat erstens den Vorteil, daß die Schwingungen nicht über das Netz gehen, in den Zuleitungen oder der Stromquelle enthaltene Selbstinduktionen daher nicht schädlich sind und induktive Störungen vermieden werden;

zweitens hat hier der Kondensator bei offenem Schalter überhaupt keine Spannung auszuhalten, bei geschlossenem nur den an R_s entstehenden Bruchteil. Man kann daher seine Gleichspannungsfestigkeit klein und dafür C groß wählen, was wieder die Stoßbeanspruchung U_c vermindert.

Bedeutet L einen möglichst streuungsfreien Transformator, so ergibt sich fast die gleiche Löschwirkung, wenn man den Kondensator C an dessen sekundäre Seite legt[1]. Zugleich kann man, wenn der Transformator hinauf übersetzt, mit kleinerem C auskommen. Diese Schaltung wird z. B. für die Vibratoren verwendet, welche niedrige Gleichspannung durch Zerhacken und Gleichrichten in höhere umformen.

b) Schwingungskreis parallel zum Schalter (Abb. 42). Auf den ersten Blick möchte man glauben, daß es (wenigstens für $R_c = 0$) gleichgültig sein müßte, ob der Kondensator C nach a) im Nebenschlusse zur Selbstinduktion L liegt oder zum Schalter S. In Wirklichkeit leistet letztere Schaltung weit mehr. Die Löschung erfolgt nämlich hier in derselben Weise wie nach Abb. 25 (S. 24) mit Hilfe schneller Schwingungen, wozu noch wie bei a) die Aufnahme des Selbstinduktionsstoßes durch den Kondensator kommt.

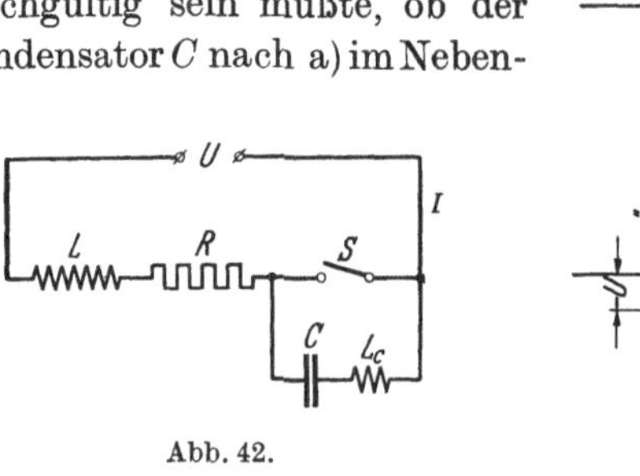

Abb. 42.

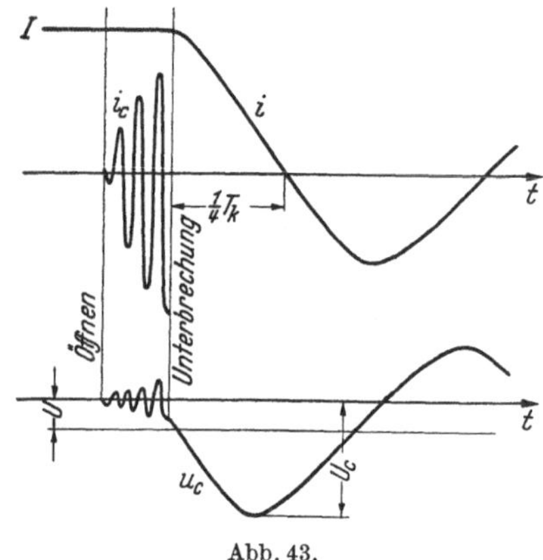

Abb. 43.

So leicht wie bei einem Ohmkreise macht sich das Löschen allerdings nicht. Abb. 43 zeigt ungefähr den zeitlichen Verlauf des Kondensatorstromes i_c im Schalter und des Hauptstromes i in L, der bis zur Unterbrechung die Stärke I besitzt, sowie der Spannung u_c des Kondensators.

Zunächst entstehen im Kreise SCL_c schnelle Schwingungen und löschen den Bogen am Schalter. Danach verläuft alles ganz ähnlich wie in der Schaltung nach Abb. 33, nur daß das Dekrement $\mathfrak{d}$ wegen des Fehlens von R_d geringer ist.

Bei stärkeren Strömen und niedriger Frequenz des Löschkreises fordert die Entstehung der schnellen Schwingungen eine gewisse Länge des Lichtbogens, damit dessen negative Charakteristik zur Wirkung

[1] DRP. Nr. 414145 von E. v. Lepel.

kommen kann. Infolgedessen beträgt im Augenblick der Löschung die Überschlagspannung weit mehr als U_g. Ungünstig ist aber dabei wieder, daß dann die schnellen Schwingungen auch eine gewisse Zeit zur Entwicklung brauchen, die Schaltstrecke dadurch heiß wird und wegen ihrer größeren Länge langsamer abkühlt.

Bei schwachen Strömen — etwa bis 2 A — gelingt die Unterbrechung mit fast ebenso kleinen Kondensatoren wie bei Ohmkreisen, wenn man den Schalter sehr schnell öffnet; es entstehen dabei unter Umständen hohe Überspannungen. In Hinblick auf die Zuverlässigkeit des Schaltens und die Beanspruchung der Isolationen wird man den Kondensator im allgemeinen lieber größer wählen.

Übrigens kann es geschehen, daß die Überspannung die Schaltstrecke durchschlägt, ohne daß dadurch die endgültige Unterbrechung vereitelt würde. Der Löschvorgang kann sich nämlich wiederholen und die abermals entstehende Überspannung die nunmehr längere Schaltstrecke nicht zu durchschlagen vermögen. Dieser Vorgang äußert sich für das Auge nur in einem stärkeren Unterbrechungsfunken.

Die Schaltung nach Abb. 42 wird, ohne daß man bewußtermaßen eine Selbstinduktion L_c vorsieht, bei Funkeninduktoren mit Wagnerschem Hammer oder Quecksilberunterbrecher angewandt, bei Tirillreglern, in Schaltuhren (Schalterbauart z.B. nach Abb. 50, S. 42) usw.; C beträgt gewöhnlich 0,5 bis 2 μF. Hierher gehört auch jene Schaltung, die zur Erzeugung von Sprühentladungen u. a. in den Hochfrequenzheilgeräten benutzt wird: Die Selbstinduktion L ist ein Elektromagnet mit unterteiltem Eisenkern, der Schalter S sein Selbstunterbrecher, L_c die Primärspule eines Teslatransformators. Die bei der Unterbrechung entstehenden schnellen Schwingungen erzeugen in der Sekundärspule die gewünschte hochfrequente Hochspannung und löschen zugleich.

Mit einem reichlich bemessenen Löschkreise kann man, ähnlich wie es auf S. 25 für einen Ohmkreis beschrieben ist, einen Bruchteil der löschbaren Stromstärke funkenfrei unterbrechen, etwa bis 2 A, und zwar auch dann, wenn zur Verminderung des Schließungsfunkens eine nicht unbeträchtliche Selbstinduktion L_c vorhanden ist. Wider Erwarten erhält man aber gerade durch schnelles Öffnen funkenlose oder fast funkenlose Unterbrechung, während es bei einem Ohmkreise auf die Schaltgeschwindigkeit nicht ankommt. Öffnet man langsam, so entsteht erst ein schwingender Lichtbogen. Man kann z.B. mit einem Silberschalter einen kräftigen Elektromagnet noch funkenfrei ausschalten bei

$$U = 220\text{ V},\quad I = 1\text{ A},\quad C = 2\,\mu\text{F},\quad L_c = 0{,}0001\text{ H}$$

oder

$$U = 220\text{ V},\quad I = 2{,}2\text{ A},\quad C = 16\,\mu\text{F},\quad L_c = 0.0002\text{ H}.$$

C. Besondere Löschschaltungen für Gleichstrom.

Der Parallelkondensator ist zwar ein schaltungsmäßig einfaches Mittel, um den Gleichstromlichtbogen zu unterdrücken, reicht aber, wie oben gesagt, nur für mäßige Ströme aus, da die Schaltstücke die doppelte Aufgabe zu erfüllen haben, erst wie ein Poulsen-Generator Schwingungen zu erzeugen, und dann als Löschfunkenstrecke zu wirken.

Umständlicher in der Schaltung, aber viel günstiger ist es, wenn man dem am Schalter zunächst entstehenden kurzen Lichtbogen einen anderweitig erzeugten, entgegengesetzten Stromstoß überlagert. Das kann auf verschiedene Arten geschehen. Zweckmäßig bedient man sich dazu eines Kondensators, den man von der Netzspannung aufladen läßt. Einen Augenblick, nachdem der eigentliche Schalter unter Bildung eines Lichtbogens ein wenig geöffnet worden ist, wird durch einen Hilfsschalter der Kondensator so durch den Lichtbogen entladen, daß für einen Augenblick die Gesamtstromstärke im Lichtbogen Null beträgt und dieser erlischt.

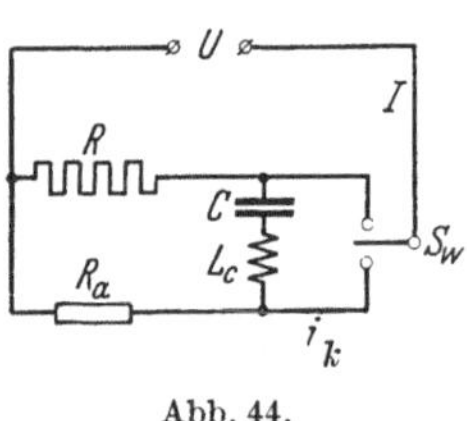

Abb. 44.

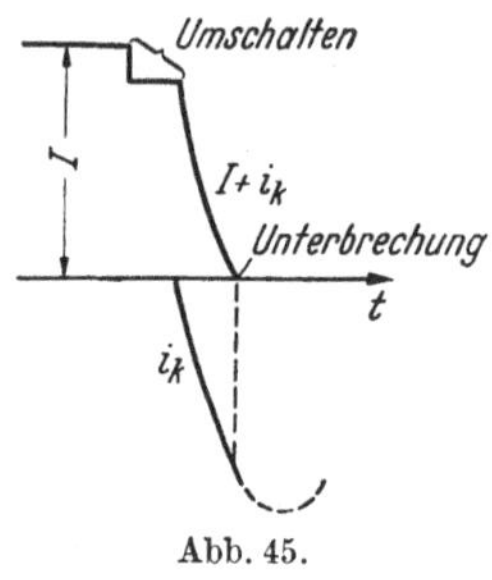

Abb. 45.

Abb. 44 zeigt die vollkommenste Schaltung[1] dieser Art. Der Umschalter S_u ist auf der einen Seite mit kräftigen Kontakten für den Strom I versehen; die der anderen Seite können schwach sein. Während der Strom noch fließt (Schalter nach oben), lädt sich der Kondensator C über den hohen Widerstand R_a auf die Netzspannung. Legt man den Schalter schnell um, so geht der Entladestrom i_k durch den Lichtbogen. Die größte löschbare Stromstärke I läßt sich mit guter Annäherung nach der Gleichung

$$I = I_k = U \cdot \sqrt{\frac{C}{Lc}} = 2\pi \cdot f \cdot UC$$

berechnen, z.B. für

$$U = 220\,\text{V}, \quad C = 0{,}1\,\mu\text{F}, \quad L_c \cong 25 \cdot 10^{-6}\,\text{H}, \quad f = 10^5 : I \cong 40\,\text{A}.$$

Für diesen Fall stellt Abb. 45 den zeitlichen Verlauf der Ströme dar. Die Löschung findet schon nach längstens $^1/_4$ Periode statt, und die verfügbare Löschzeit ist viel länger als bei einem Wechselstrom gleicher Stärke und Frequenz. Zu ihrer Verlängerung ist bei starken Strömen eine besondere Selbstinduktion L_c in den Kondensatorkreis einzufügen. Erfahrungsgemäß meistert der Schalter auch alle schwächeren Ströme als I_k.

---

[1] DRP. Nr. 260 903 von W. Burstyn.

Einen derartigen Handschalter für Versuchszwecke zeigt Abb. 46, ein kleines Topfmagnetrelais Abb. 47. Beide haben Silberkontakte. Mit letzterem läßt sich, obwohl die Kontakte nur einen Durchmesser von 3 mm besitzen, ein Strom von 20 A bei 440 V leicht unterbrechen. Mit kräftiger gebauten Relais wurden starke Magnete von Erzseparatoren

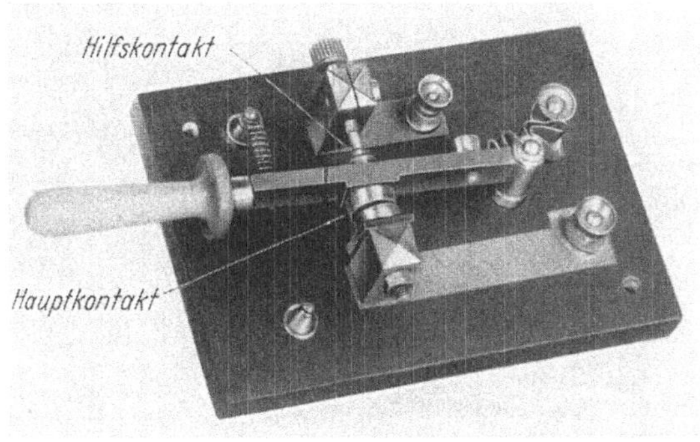

Abb. 46. Handschalter für Löschschaltung. (Etwa ⅓ nat. Gr.)

(440 V, 30 A) dreimal in der Sekunde ein- und ausgeschaltet. Auch für Funkeninduktoren lassen sich solche Schalter verwenden, besonders zur Erzeugung einzelner kräftiger Schläge.

Daß auch hohe Selbstinduktionen unterbrochen werden können, erklärt sich dadurch, daß der Kondensator C den Induktionsstoß aufnimmt und der Augenblick des Löschens mit Sicherheit auf einen bestimmten, ausreichenden Abstand der Kontakte verlegt werden kann, so daß die entstehende Überspannung die Schaltstrecke nicht mehr zu durchschlagen vermag.

Abb. 47. Relais für Löschschaltung. (Etwa ⅓ nat. Gr.)

Sollen zwei starke Ströme abwechselnd geschaltet werden, wie z. B. bei den Zweifarbenschaltern für Lichtreklame, so ist der Schalter symmetrisch zu bauen. Der zweite Stromweg ersetzt dabei zugleich den Widerstand R_a.

Etwas anders ist die Schaltung[1] nach Abb. 48. Ein Ladewiderstand R_a für den Kondensator ist entbehrlich. Die Löschung erfolgt erst nach $^3/_4$ Perioden der Entladungsschwingung, da diese erst verkehrte Richtung hat. Die Kontakte werden daher mehr erhitzt und die Löschwirkung ist etwas geringer. Auch verliert der Kondensator bei lang dauerndem

[1] DRP. Nr. 260 903 von W. Burstyn.

Schluß des Schalters seine Ladung. Nur von letzterem Nachteil frei ist die sonst gleichwertige Schaltung[1] nach Abb. 49. Hier ist zugleich eine andere Bauart des Umschalters angedeutet, die einen großen Schaltweg erlaubt, was für Relais nicht in Frage kommt.

Es ist möglich, einen Gleichstrom völlig funkenlos zu unterbrechen. Durch eine Schaltung, ähnlich Abb. 49, wird über den noch geschlosse-

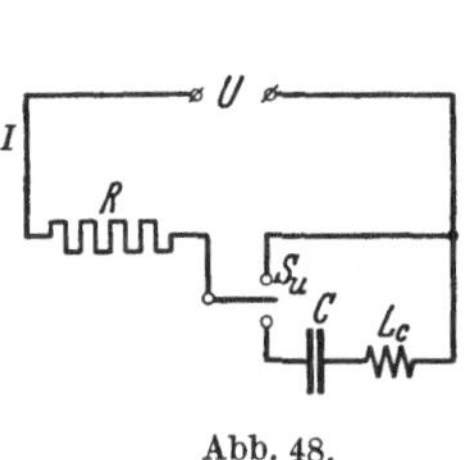

Abb. 48.

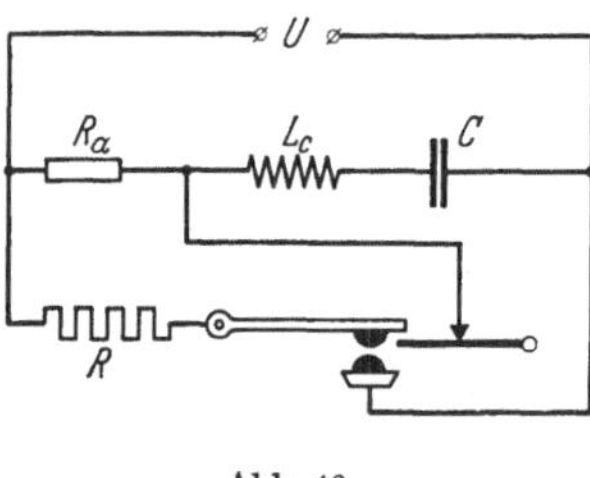

Abb. 49.

nen Schalter ein Kondensator entladen, und mit Hilfe einer elastischen Verzögerung der Schalter nach $^1/_4$ Periode der Entladungsschwingung, wenn die Summe beider Ströme ungefähr Null beträgt, plötzlich geöffnet. Schaltgeschwindigkeit und Stromstärken müssen dabei aufeinander abgestimmt sein[2].

Das Ausschalten von Wechselstrom.

A. Ohmkreis.

Kreise, denen Energie aufspeichernde Elemente (Selbstinduktion und Kapazität) fehlen, die daher auch keine Phasenverschiebung aufweisen, verhalten sich bei Wechselstrom so wie ein Gleichstrom der im Augenblick herrschenden Spannung und Stromstärke. Die sinngemäße Anwendung der für Gleichstrom geltenden Gesetze gestattet daher, die bei Wechselstrom auftretenden Erscheinungen vorauszusagen. Selbstverständlich ist zu beachten, daß die Mittelwerte (U_m, I_m) mit $\sqrt{2}$ multipliziert werden müssen, um die Scheitelwerte (U_h, I_h) zu erhalten.

1. Scheitelspannung U_h unter der Lichtbogenmindestspannung U_b.

Es läßt sich jede Stromstärke lichtbogenfrei ausschalten. Die beim Schalten hoher Stromstärken (Schweißen) zu beobachtenden Lichterscheinungen und das Verspritzen von Metalltropfen durch den explosionsartig entstehenden Metalldampf („Verdampfungsfunken") beruhen nur auf der Ohmschen Wärme, die im Übergangswiderstand entwickelt wird.

[1] DRP. Nr. 615 623 der SSW. [2] DRP. Nr. 269 757 von W. Burstyn.

2. Scheitelspannung U_h unter der Glimmlichtspannung U_g.

Hier hängen die zu beobachtenden Erscheinungen ganz davon ab, in welchem Augenblick, d. h. in welcher Phase des Wechselstromes, die metallische Berührung der Schaltstücke aufhört.

a) Die Unterbrechung findet beim Nullwerte statt. Dann erfolgt sie unter allen Umständen lichtbogenfrei. Es ist möglich, Einrichtungen zu treffen, die das zwangsläufig bewirken, indem sie die Unterbrechung bis zum richtigen Augenblick verzögern. Die älteste derartige Lösung ist wohl der Braunsche Morsetaster für Funkentelegrafie gewesen. Der eine Kontakt (Platiniridium) ist am Tasterhebel federnd befestigt und trägt einen Anker, den ein vom Wechselstrom gespeister Elektromagnet nach unten zieht, so daß er solange an den anderen Kontakt gedrückt wird, bis (nach längstens $^1/_{100}$ s) der Strom Null geworden ist. In ähnlicher Weise könnte man einen Handschalter magnetisch festhalten oder sperren, so daß er erst im Augenblicke des Nullstromes geöffnet werden kann. Bei selbsttätigen Unterbrechern für Punktnaht-Schweißmaschinen (vgl. S. 45) wurde die Aufgabe derart gelöst, daß der Antrieb durch einen Synchronmotor erfolgt; er treibt mit geeigneter Übersetzung einen Walzenschalter an, der das Öffnen im stromlosen Zeitpunkte ausführt. — Alle diese Einrichtungen sind naturgemäß auch für induktive Kreise anwendbar.

b) Die Unterbrechung findet nicht beim Nullwert statt. Ist in diesem Augenblicke die Stromstärke i kleiner als die Grenzstromstärke bei der entsprechenden Spannung u, so geschieht die Unterbrechung plötzlich und ohne Lichtbogen. Ist sie größer, so gibt es zunächst einen Lichtbogen. Die weiteren Vorgänge hängen ganz von den Umständen ab. Wird der Schalter sehr rasch und weit geöffnet, so entsteht derselbe Lichtbogen wie bei Gleichstrom und kann unter Umständen weiterbrennen und den Schalter zerstören. Öffnet man ihn aber nur wenig oder langsam, so wirken die Kontakte wie Löschfunkenstrecken, namentlich wenn sie schwachkonvex sind und aus gut wärmeleitendem Metall (Kupfer, Silber) bestehen. Sie kühlen und entionisieren beim nächsten Durchgang des Stromes durch den Nullwert die Lichtbogenstrecke so rasch, daß sie in einem kleinen Bruchteil einer Periode ihre Leitfähigkeit völlig verliert und die in der nächsten Viertelperiode langsam mit verkehrtem Vorzeichen wieder ansteigende Spannung sozusagen eine kalte Funkenstrecke vorfindet. Diese zu durchschlagen vermag aber nur eine Spannung, die schon beim kürzesten Abstande größer als U_g sein müßte. Nach amerikanischen Versuchen mit Messingschaltstücken ist z. B. bei einem Strom von 300 A die Durchschlagfestigkeit von 1,6 bzw. 3,2 mm schon 0,1 bzw. 0,25 Tausendstel einer Sekunde nach dem Nulldurchgang auf 500 V gestiegen. Die längere Strecke entionisiert sich also langsamer.

Mit einem solchen Schalter (z. B. nach Abb. 46, jedoch ohne den

Hilfsschalter) kann man Wechselströme bis zu 100 A und darüber mit einem Schaltwege von 0,5 bis 2 mm leicht unterbrechen. Zu klein darf man den Hub mit Rücksicht auf mechanische Ungenauigkeiten und Schmelzperlen (Zusammenschweißen der Kontakte) nicht machen. Von Bedeutung sind derartige Wechselstrom-Löschschalter weniger als Handschalter, mehr für Relais, Schaltuhren und ähnliche selbsttätige Unterbrecher, bei deren Antrieb man mit möglichst wenig Kraft und Weg auskommen will[1].

Abb. 50 zeigt z. B. in fast natürlicher Größe einen derartigen Schalter für 25 A aus einer Schaltuhr[2], der von dem oben sichtbaren Sternrädchen gesteuert wird und zum täglichen Ein- und Ausschalten von Beleuchtungsstromkreisen dient.

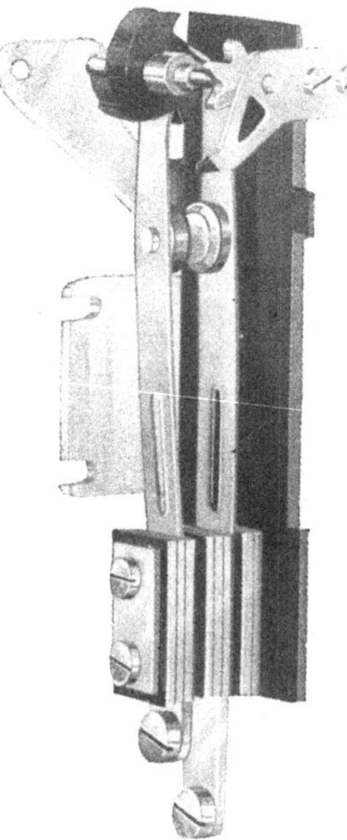

Abb. 50. Wechselstromschalter aus einer Schaltuhr. (Fast nat. Gr.)

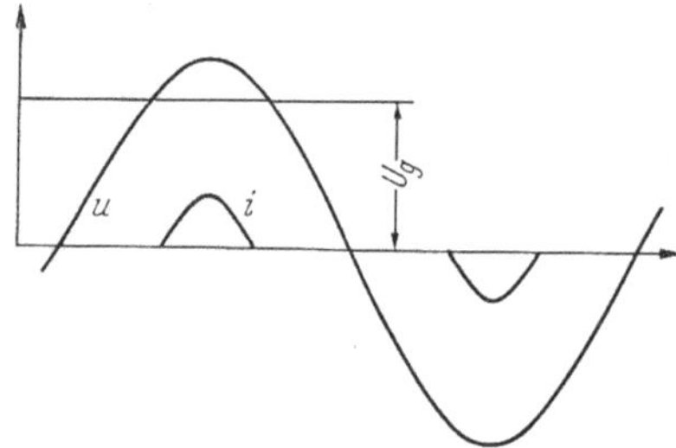

Abb. 51. Glimmlicht bei Wechselstrom.

3. Scheitelspannung U_h über der Glimmlichtspannung U_g.

a) Strom unter der Grenzstromstärke. Hier ist natürlich die in Abb. 20 (S. 19) punktiert angedeutete Verlängerung der Kennlinie maßgebend. Wird der Schalter nur sehr wenig geöffnet, so daß die Schaltstrecke von der Spannung durchschlagen werden kann, so erfolgt in jeder halben Periode ein Durchschlag. In Abb. 51 bedeutet u die Wechselspannung. Von ihr schneidet die Gegenspannung U_g des Glimmlichtes Kuppen ab. Während der ihnen entsprechenden Zeit fließt der Strom i. — In Wirklichkeit ist die Durchschlagspannung des Schalters höher als U_g; ferner erfolgt der Einsatz des Glimmlichtes bei merklich höherer Spannung als das Erlöschen, und die Kuppen werden unsymmetrisch. — Danach ist ohne weiteres verständlich, daß erst bei einem etwas größeren Hube eine volle

[1] DRP. Nr. 294 729 von W. Burstyn.

[2] Der P. Firchow Nachf. G. m. b. H., Berlin. Ähnlich sind die Schalter in den Wechselstromschaltuhren der SSW. gebaut.

Unterbrechung zustande kommt und daß bei langsamer Öffnung des Schalters vor der Unterbrechung erst ein Durchschlag oder mehrere erfolgen, gleichgültig in welchem Augenblick der Periode der Schalter geöffnet wurde.

b) Strom über der Grenzstromstärke. Das ist der gewöhnliche Fall der Starkstromtechnik. Wird der Schalter sehr schnell gerade im Nullpunkt geöffnet, wie oben unter 2a) beschrieben, so gelingt eine lichtbogenfreie Unterbrechung. Sonst aber, also in der Regel, zieht sich bei schneller weiter Öffnung des Schalters fast ebenso wie bei Gleichstrom ein Lichtbogen, der auch stehenbleiben kann, wenn der Hub nicht hinreichend groß ist. — Wenn man den Schalter aber wenig oder langsam öffnet, kann man, wie unter 2b) beschrieben, starke Ströme selbst bei Spannungen von 500—1000 V unterbrechen.

Nach [*4*] soll bei induktionsfreier Last (die verwendete Spannung ist nicht genannt) der erforderliche Schaltweg genau proportional der Stromstärke sein und z. B. für 200 A etwa 8 mm betragen. Nach den Erfahrungen des Verfassers, die nur bis 80 A reichen, kann bei 500 V und völlig induktionsfreier Last der Schaltweg beliebig kurz sein, und nur das Auftreten von Schmelzperlen an den Schaltstücken und die Überschlagspannung zwingen zu einem Mindestabstand von 0,5 mm, bei dem im übrigen die Abnutzung der Schaltstücke geringer ist als bei längeren Lichtbögen. Das ist auch zu erwarten, da Überspannungen nicht auftreten und die Löschwirkung bei kleinem Abstande am stärksten ist. Damit stimmen die Erfahrungen an den Löschfunkenstrecken der Funkentelegrafie überein, wo für noch stärkere Ströme und viel höhere Frequenzen ein Plattenabstand von 0,1 mm angewandt wird.

Bei noch höheren Spannungen kann man eine Anzahl solcher Schalter in Reihe legen, die durch eine geeignete Vorrichtung gleichzeitig oder (weniger günstig) schnell nacheinander geöffnet werden.

B. Induktiver Kreis.

Ähnlich wie bei Gleichstrom erschwert die Selbstinduktionsenergie wesentlich das Ausschalten. Eine Selbstinduktion L (Abb. 52), deren Widerstand R_s zu vernachlässigen ist, z. B. die Primärspule eines offenen Transformators, liege an der Wechselspannung u. Strom i und Spannung u haben nach Abb. 53 eine Phasenverschiebung von 90° gegeneinander.

Wir wollen zunächst annehmen, daß die Scheitelspannung U_h des Wechselstromes unter oder nicht viel über der Glimmspannung U_g liegt, die Stromstärke reichlich über der Grenzstromstärke.

Wird der Schalter im Augenblick t_1 des Stromes 0 plötzlich weit oder wenig geöffnet, z. B. zwangläufig nach S. 41, a, so findet eine glatte Unterbrechung statt. Denn die wenn auch jetzt ihren Höchstwert besitzende Spannung kann die entstandene kalte Funkenstrecke nicht durchschlagen. Im allgemeinen aber muß man mit dem ungünstigsten Falle rechnen, nämlich einer Unterbrechung im Augenblick t_2 des größten Stromes. Wird hier der Schalter schnell und weit geöffnet, so erhält man einen Unterbrechungslichtbogen fast wie bei Gleichstrom. Wird er langsam oder nur ein wenig geöffnet, so brennt der Lichtbogen zunächst bis zum folgenden Stromminimum. Jetzt, etwas vor und hinter dem Minimum, findet die Entionisation des Lichtbogens statt, welche eine gewisse Zeit erfordert. Ihre Dauer hängt von der Art und Öffnungsweite des Schalters, insbesondere aber von der vorangegangenen Stromstärke ab. Zu dieser Zeit sucht die eben im Maximum befindliche Spannung die bisherige Stromrichtung umzukehren, also aus der bisherigen Anode eine Kathode zu machen. Ein Lichtbogen in verkehrter Richtung kann aber bei der angenommenen Spannung nur zünden, wenn die Entladungsstrecke noch sehr heiß ist. Die Zeit zur Abkühlung ist freilich viel geringer als bei einem Ohmkreise. Immerhin läßt sich noch ein offener Transformator von einigen kW bei 380 V und 10 A Leerlaufstrom mit einem Schaltweg von 1 mm ausschalten, und nach [*4*] geht dies bis 150 V für beliebige Ströme mit etwas größerem Schaltwege.

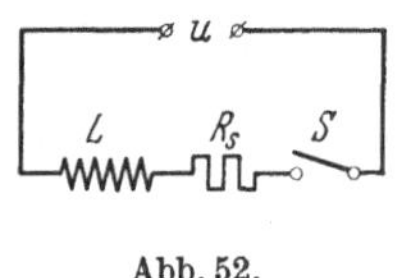

Abb. 52.

Bleibt die Scheitelspannung U_h unter der Lichtbogenmindestspannung U_b, so macht dies keinen grundsätzlichen Unterschied, weil die Selbstinduktion den Strom aufrecht hält. Es wird also auch bei niedrigen Spannungen, wenn die Unterbrechung nicht gerade im günstigsten Augenblick erfolgt, ein Funken entstehen.

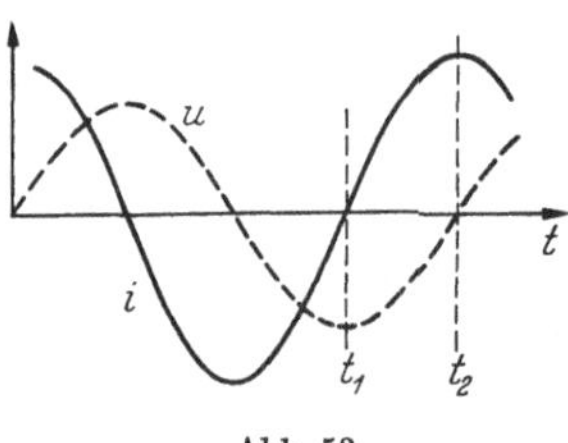

Abb. 53.

Übersteigt die Scheitelspannung U_h die Glimmspannung U_g wesentlich, so erhält man mit schwachem Strom ähnliche Erscheinungen wie bei einem Ohmkreise; bei starkem Strom müssen die Gewaltmittel der Starkstromtechnik in Anwendung kommen.

Ist R_s in Abb. 53 nicht zu vernachlässigen, beträgt also die Phasenverschiebung merklich weniger als 90°, so nähern sich die Verhältnisse denen bei einem Ohmkreise.

Günstig für das Ausschalten von Transformatoren ist der Umstand, daß sie im unbelasteten Zustand, wenn die Phasenverschiebung groß ist und sie den Charakter einer Selbstinduktion haben, der Strom klein ist. Mit zunehmender Stromstärke verschwindet die Phasenverschiebung immer mehr, und die Verhältnisse gleichen denen eines Ohmkreises. Daher lassen sich Relais nach dem oben genannten DRP. Nr. 294729 dazu benutzen, um bei elektrischen Schweißmaschinen den selbst 50 bis 100 A betragenden Primärstrom des Schweißtransformators einige Male in der Sekunde zu unterbrechen, wie das für Punktnahtschweißung verlangt wird. Die Kontakte bestehen aus Kupferklötzen von etwa 20 mm ∅ und machen einen Hub von wenigen Millimetern. Desgleichen werden solche Relais angewandt, um bei Punktschweißmaschinen den Primärstrom auszuschalten, sobald nach vollendeter Schweißung der Strom einen einstellbaren Wert erreicht hat, der nicht überschritten werden soll. Abb. 54 zeigt ein derartiges Relais der AEG.

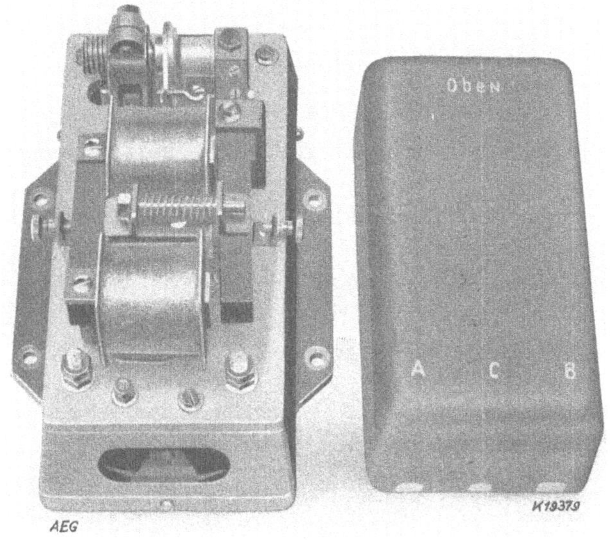

Abb. 54. Wechselstromrelais mit Löschkontakten (AEG).

C. Kapazitiver Kreis.

Weit unterhalb der Glimmspannung U_g ist nichts besonderes zu beobachten. Bei höheren Spannungen, z. B. 220 V, addiert sich die beim Aufhören der metallischen Berührung verbleibende Restladung des Kondensators zu der in der nächsten Halbperiode verkehrten Spannung des Netzes und bewirkt bei langsamer Öffnung des Schalters einen Durchschlag der Schaltstelle. Die Umladung wiederholt sich, und es entsteht am Schalter ein knatternder Lichtbogen, der erst bei genügender Öffnung aufhört. Stärker und unangenehmer ist diese Erscheinung bei noch höheren Spannungen. Eine ausführliche Beschreibung davon siehe in [5].

Das Einschalten von Stromkreisen.

A. Vorbemerkung.

Die Vorgänge beim Einschalten von Strömen sind weniger als die beim Ausschalten vom Stoffe der Schaltstücke abhängig, sofern man von den Übergangswiderständen absieht. Diese sowie sonstige Störungen, die beim Ein- und Ausschalten auftreten, sollen erst später behandelt und vorläufig nur jene Vorgänge betrachtet werden, die durch die Eigenschaften des geschalteten Stromkreises bedingt sind. Es ist dabei etwa ein Silberschalter vorausgesetzt, der mit reichlicher Kraft bewegt wird.

B. Das Einschalten von Gleichstrom.

1. Ohmkreis.

Liegt die Netzspannung U unterhalb der Glimmspannung U_g, so erfolgt der Stromschluß erst im Augenblick der metallischen Berührung und daher so gut wie augenblicklich in voller Stärke. Ein Schließungsfunken braucht grundsätzlich nicht aufzutreten; bei starken Strömen kann aber infolge des Übergangswiderstandes das Metall an der Schaltstelle schmelzen und sogar verspritzt werden. Das hat unter Umständen auch ein Zusammenschweißen der Schaltstücke zur Folge.

Ist $U > U_g$, so findet schon vor der Berührung ein Überschlag statt, der sich als Glimmlicht oder Lichtbogen ausbildet je nach der verfügbaren Stromstärke, die natürlich durch die gegenelektromotorische Kraft U_g bzw. U_b geschwächt ist.

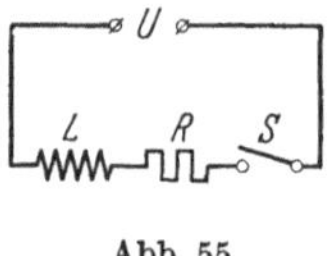

Abb. 55.

2. Induktiver Kreis.

Wird ein induktiver Kreis nach Abb. 55 eingeschaltet, so steigt die Stromstärke (Abb. 56) nach dem Gesetze

$$i = I \cdot \left(1 - e^{-\frac{R}{L}t}\right) \tag{26}$$

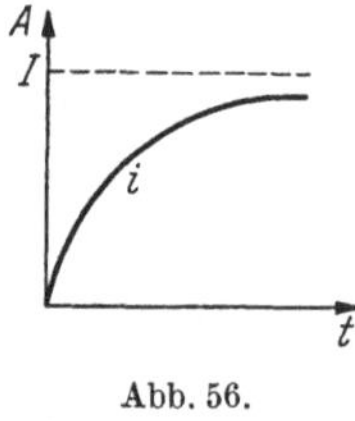

Abb. 56.

von Null an bis zu dem durch den Ohmschen Widerstand R bedingten Werte I. Da zugleich der Schaltdruck steigt, also der Übergangswiderstand sinkt, kommt es weniger leicht zu einem Einschaltfunken als bei Ohmkreisen.

Für $U > U_g$ bewirkt das langsame Ansteigen des Stromes, daß im Augenblick des Überschlags erst Glimmlicht auftritt. Ob daraus in der kurzen Zeit bis zur metallischen Berührung ein Lichtbogen wird, hängt von den Umständen ab.

3. Kapazitiver Kreis.

Wird ein Kondensator C (Abb. 57) in Reihe mit einem Widerstand R an eine Gleichspannung $U < U_g$ gelegt, so hängt der im ersten Augenblick entstehende Ladungsstrom I (Abb. 58) nur von R ab, da der ungeladene Kondensator zunächst einen Kurzschluß bedeutet. I kann daher unter Umständen sehr hoch werden und Anschmelzen oder Zusammenschweißen der Schaltstücke bewirken.

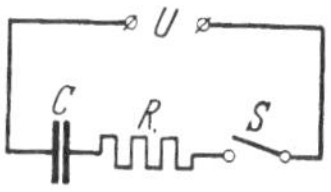

Abb. 57.

$$i = I \cdot e^{-\frac{t}{R \cdot C}} \tag{27}$$

Die im voll geladenen Kondensator aufgespeicherte Arbeit beträgt

$$A_c = \tfrac{1}{2}\, C \cdot U^2 = \tfrac{1}{2}\, Q \cdot U.$$

Der Stromquelle ist aber die doppelte Arbeit

$$A_u = Q \cdot U$$

entnommen worden. Somit hat sich die andere Hälfte der Arbeit in den Widerständen des Kreises in Wärme verwandelt. Das gilt auch dann, wenn sie sich während des Ladevorganges ändern. Fehlt ein besonderer Widerstand R, so verteilt sich die Verlustarbeit auf die unvermeidlichen Widerstände, nämlich die Zuleitungen, den inneren Widerstand des Kondensators und den Übergangswiderstand im Schalter. Auf letzteren wird der Hauptanteil fallen, da ja er und der Strom bei der ersten Berührung am größten sind.

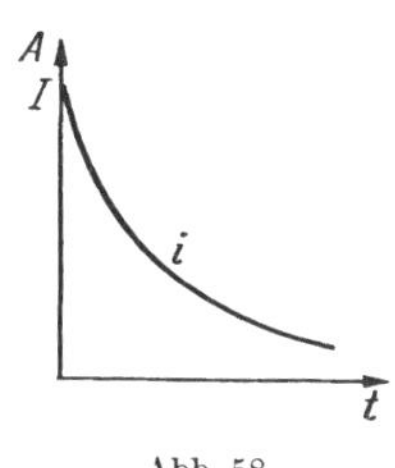

Abb. 58.

Wenn $U > U_g$, beginnt die Ladung des Kondensators schon vor der Berührung, je nach der Größe von R als Glimmlicht oder als mehr oder weniger starker und demgemäß kurzdauernder und knallender Lichtbogen. Ist der Ladungskreis aperiodisch und schließt man den Schalter sehr langsam, so erlischt der Ladefunken, bevor der Kondensator die volle Spannung U erreicht hat, nämlich in dem Augenblicke, wo die wirksame Ladespannung $U - u_c$ kleiner geworden ist als die augenblickliche Überschlagspannung der Schaltstrecke oder — infolge des je nach Umständen verschiedenen Löschverzuges — ein wenig später. Erst bei der wirklichen Berührung erfolgt die restliche Ladung, wobei abermals ein Schließungsfunken entstehen kann.

4. Schwingungskreis.

Liegt in Abb. 57 vor dem Kondensator anstatt des Widerstandes R eine wenig gedämpfte Selbstinduktion L, so vollzieht sich die Ladung in Form einer gedämpften Schwingung (Abb. 59) mit der Schwingungsdauer

$$T_k = 2\,\pi \sqrt{C \cdot L}$$

und der Stromamplitude

$$I = U \sqrt{\frac{C}{L}}. \tag{28}$$

Die Spannung u_c am Kondensator erreicht dabei vorübergehend fast $2\,U$. Auch hier geht im Kreise und hauptsächlich im Ladungsfunken die Arbeit $\frac{1}{2}\,C \cdot U^2$ als Wärme verloren.

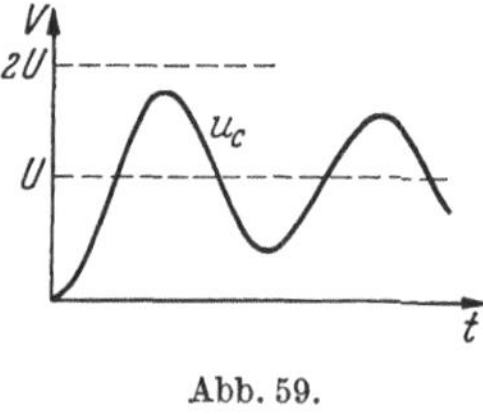

Abb. 59.

5. Entladen eines Kondensators.

Entlädt der Schalter einen auf die Spannung U geladenen Kondensator über einen Widerstand R oder eine Selbstinduktion L, so verhält sich der Entladungsstrom genau so wie der Ladestrom in den Fällen 3. bzw. 4.

Bei Papierkondensatoren, besonders minderwertigen, kann man dabei folgende Beobachtung machen: Schließt man den Schalter nur auf einen Augenblick, der aber zur völligen Entladung hinreichen müßte, und schließt ihn nach einigen Sekunden nochmals, so erhält man wieder einen Schließungsfunken, der allerdings viel schwächer ist. Ursache der Erscheinung ist die sog. „Restladung" des Kondensators infolge seines ungleichmäßigen und teilweise etwas leitenden Dielektrikums.

Häufig ist der Fall, daß ein Kondensator über einen Aufladewiderstand am Netze liegt und durch den Schalter entladen wird, z. B. in der Löschschaltung nach Abb. 42 (S. 36). Der dabei zusätzlich geschlossene Gleichstrom ist in der Regel viel schwächer als der Entladestrom des Kondensators und macht sich daher kaum bemerkbar. Noch weniger ist das der Fall, wenn im Gleichstromkreis eine beträchtliche Selbstinduktion liegt, weil die Kondensatorentladung eher abgeklungen sein wird, als der Gleichstrom seinen vollen Wert erreicht hat.

6. Kippschwingungen.

Besondere Erscheinungen treten ein, wenn die Betriebsspannung $U > Ug$, die Stromstärke nur für Glimmen ausreicht und dem Schalter

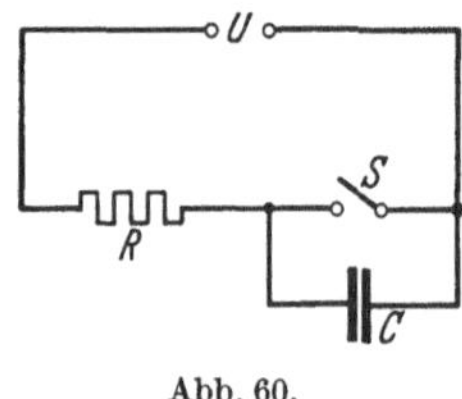

Abb. 60.

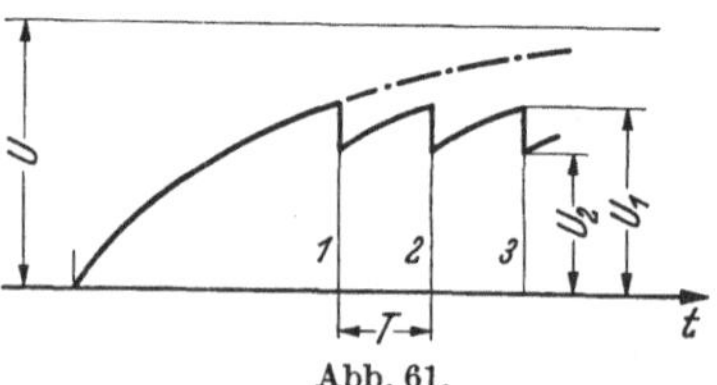

Abb. 61.

ein Kondensator parallel liegt (Abb. 60). Wir wollen annehmen, der Schalter *sei ein* wenig geöffnet, auf einen so kleinen Abstand a, daß die entsprechende Zündspannung (vgl. S. 18) U_1 kleiner als U ist. Nun werde plötzlich die Spannung U angelegt. Der Kondensator lädt sich über den Widerstand R nach der Gl. (27) (S. 47) auf (erstes Stück der Kurve in Abb. 61) und würde endlich (strichpunktierte Fortsetzung der Kurve) die Spannung U erreichen. Sobald er aber, im Zeitpunkte *1*, auf die Spannung U_1 gelangt ist, entlädt er sich über die Funkenstrecke a, aber nur bis zur Löschspannung U_2, wird sofort wieder nachgeladen, entlädt sich im Zeitpunkte *2* wieder, usw. Es entstehen Schwingungen von der Dauer T[1], die „sägezahnförmigen" Kipp- oder Relaxationsschwingungen, wie sie z. B. in der Fernsehtechnik benützt werden, nur daß dort eine Glimmröhre als Entladestrecke dient. Die Frequenz $f = \frac{1}{T}$ kann weit über 1000 betragen. Als Kapazität C kann die der Zuleitungen genügen, besonders wenn sie bifilar sind.

Voraussetzung dafür, daß der Vorgang in der beschriebenen Weise abläuft, ist, daß auch die Entladung aus Glimmlicht besteht, also durch den Widerstand der Entladestrecke (oder einen in Reihe mit C liegenden Widerstand) unter die Grenzstromstärke herabgesetzt wird. Andernfalls bildet sich ein Lichtbogen-Funken, der den Kondensator fast völlig entlädt, wie es Abb. 62 darstellt. Die Periode ist dann unter sonst gleichen Umständen wesentlich länger als im ersten Falle. Dieser Vorgang entspricht genau den Knallfunken, die eine von einer Elektrisiermaschine aufgeladene Leidenerflasche liefert.

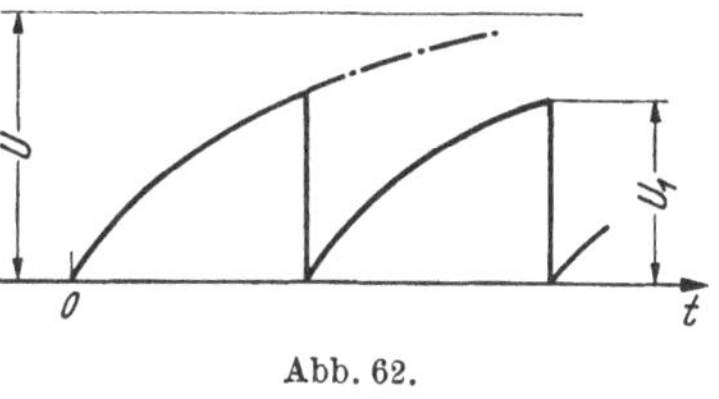

Abb. 62.

Etwas unübersichtlicher, aber ähnlich, werden die Erscheinungen, wenn in Reihe mit R oder aber mit C eine Selbstinduktion liegt.

Wird unter den eingangs genannten Bedingungen der Schalter S geschlossen (oder geöffnet), namentlich langsam oder nur wenig, so durchläuft er immer solche Abstände a, bei denen Kippschwingungen entstehen. Für den Schaltvorgang sind sie nicht wesentlich, durften aber nicht übergangen werden.

C. Das Einschalten von Wechselstrom.

1. Ohmkreis.

Unterhalb der Glimmspannung U_g sind die Vorgänge nicht anders als bei Gleichstrom. Ist aber $U_h > U_g$, so tritt die S. 42 an Hand von Abb. 51 beschriebene Erscheinung ein.

[1] Die Schwingungsdauer beträgt $T = C \cdot R\,[\ln(U - U_1) - \ln(U - U_2)]$.

2. Induktiver Kreis, $U_h < U_g$.

Die Vorgänge sind sehr verschieden, je nachdem, in welchem Augenblick das Einschalten stattfindet. Wir betrachten zunächst eine widerstands- und eisenfreie Selbstinduktion, bei der im Dauerzustand der Strom um 90° der Spannung nacheilt. Erfolgt das Einschalten nach Abb. 63 im Augenblick t_0 des Spannungsmaximums, so tritt sofort der endgültige Zustand ein.

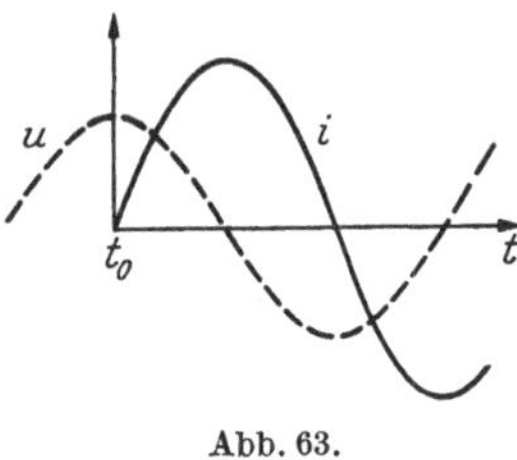

Abb. 63.

Anders, wenn nach Abb. 64 das Einschalten im Augenblick t_0 des Spannungsminimums geschieht. Man kann dann den entstehenden Strom i auffassen als zusammengesetzt aus einem Strom i_1, der im Augenblick t_1 beginnt und jenem von Abb. 64 entspricht, und einem Strom i_2, der von der zwischen t_0 und t_1 liegenden Viertelwelle der Spannung herrührt. Er steigt sinusförmig bis zum Wert I_1 an und fließt dann in voller Stärke weiter. Der Gesamtstrom i schwankt daher zwischen $2\,I_1$ und 0. Infolge der Widerstände im Kreise verschwindet der Gleichstrom i_2 bald und es verbleibt nur der Wechselstrom i_1.

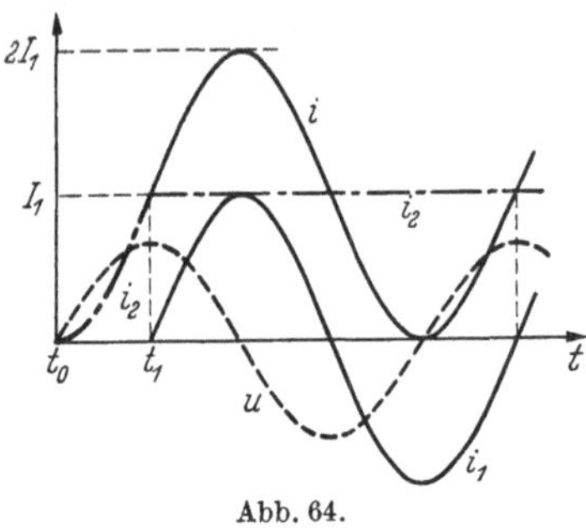

Abb. 64.

Weniger harmlos ist der Vorgang bei eisenhaltigen Spulen. Einer sinusförmigen Spannung entspricht eine sinusförmige Magnetisierung, aber ein sinusförmiger Strom nur so lange, als die Magnetisierung B der magnetisierenden Feldstärke H und somit dem Strom i proportional ist. In Abb. 64 ist daher jetzt statt I_1 die Magnetisierung B einzusetzen. Ihre Abhängigkeit von H zeigt die bekannte Magnetisierungskurve (Abb. 65). Dem endgültigen Wechselstrom I_1 entspricht die Feldstärke H_1 und der Magnetismus B_1. Zur doppelten Magnetisierung $2\,B_1$ gehört aber die Feldstärke $x \cdot H_1$ und demnach ein viel stärkerer Strom I. Diese hohen Stromspitzen klingen erst nach vielen Perioden ganz ab.

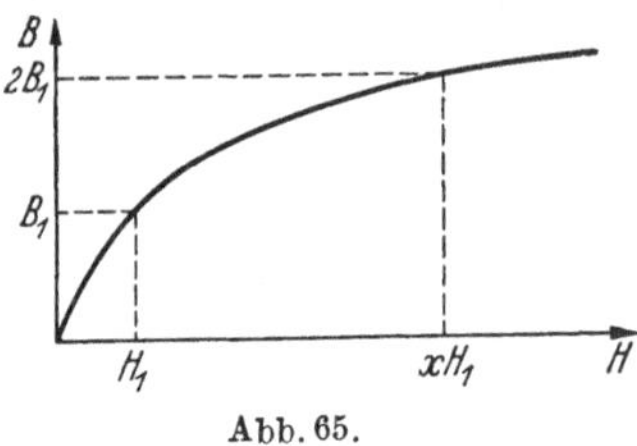

Abb. 65.

Liegt vor der Selbstinduktion ein beträchtlicher Ohmscher Widerstand, so sind diese Erscheinungen viel weniger ausgeprägt. Bei großen Transformatoren aber kann die Zahl x leicht 50 und mehr betragen und muß durch Vorschaltwiderstände, die man nachträglich kurzschließen kann, herabgesetzt werden, damit das Einschalten nicht Zerstörungen verursacht. [5] behandelt diese Vorgänge ausführlich.

Bei kleinen Transformatoren und bei Drosseln und Magneten mit Luftspalt ist der Stromstoß nicht so hoch. Eine Verstärkung kann er noch dann erfahren, wenn der Eisenkern vorher remanenten Magnetismus solcher Richtung besaß, daß sie beim Einschalten zufällig umgekehrt wird.

3. Induktiver Kreis, $U_h > U_g$.

Bei sehr langsamer Bewegung des Schalters beginnt der Einschaltvorgang mit einem überspringenden Funken, somit zwangläufig im Augenblicke des Spannungsmaximums und nach 2) ohne Überstrom. Die erforderliche Langsamkeit des Schalters ergibt sich daraus, daß er für die Strecke von der Überschlagweite bis zur Berührung mindestens eine Viertelperiode brauchen müßte, was selbst bei 1000 V einer Geschwindigkeit von nur 50 mm/s entspricht. Praktisch wird sich also der Fall 3) vom Falle 2) nicht merklich unterscheiden.

4. Kapazitiver Kreis, $U < U_g$.

Erfolgt das Einschalten eines Kondensators ohne Vorschaltwiderstand im Augenblick des Spannungsminimums, so erhält er — ähnlich wie für die eisenfreie Selbstinduktion unter 2) beschrieben — eine zusätzliche Gleichstromladung und hat daher nach einer halben Periode die doppelte Spannung, die erst nach einigen Perioden auf die normale Spannung abklingt. Der Strom erreicht vorübergehend das Doppelte des endgültigen Wertes. Das wird einem Schalter kaum schaden. Findet aber, wie in der Regel, das Einschalten in einem anderen Augenblick statt, so sind die Ladestromstöße wie bei Gleichstrom. Vorschaltwiderstände mildern sie, wie immer. — Eine Sättigungserscheinung gibt es hier nicht.

5. Kapazitiver Kreis, $U > U_g$.

Im allgemeinen wird ein Überschlag noch vor der Berührung stattfinden. Umgekehrt wie bei einem induktiven Kreise hat er aber eine schädliche Wirkung, indem sich der (widerstandslose) Kondensator wie bei Gleichstrom mit einem knallenden Funken auflädt. Wenn bis zum endgültigen Schluß des Schalters weitere Zeit vergeht, kann sich der Kondensator unter jedesmaligen starken Stromstößen und entsprechendem Schaltfeuer wiederholt umladen. Eine ausführliche Schilderung des Vorgangs gibt [5].

6. Schwingungskreis.

Resonanzerscheinungen spielen für den ersten Einschaltvorgang keine Rolle, da ihre Ausbildung mehrere Perioden erfordert. Vielmehr wirken Selbstinduktion und Kapazität in Reihe so, als ob nur erstere vorhanden wäre; umgekehrt, wenn sie im Nebenschlusse zueinander liegen.

Übergangswiderstände.

A. Allgemeines.

Beim Schließen eines Schalters machen sich häufig sogenannte Übergangswiderstände mehr oder minder unangenehm bemerkbar. Sie sind sehr verschiedener Größe und Art. Durch den Druck und die Bewegung der Kontakte gegeneinander werden sie verändert, desgleichen durch den geschalteten Strom. Wir können sie ganz oberflächlich in grobe und feine Übergangswiderstände einteilen. Eine scharfe Grenze dazwischen läßt sich nicht ziehen; sie mag ungefähr dadurch gegeben sein, daß die Widerstandschicht bei einem reibungslosen Druck von 10 g und einer Spannung von 10 V bereits zerstört wird.

B. Grobe Übergangswiderstände.

Auf unedlen Metallen entstehen nach und nach schlechtleitende Überzüge, insbesondere Oxyde, durch den Angriff der Luft, namentlich wenn sie Ozon oder Spuren von Säuren enthält, z. B. salpetrige Säure infolge von in der Nähe gezogenen Lichtbogen. Noch schneller entstehen solche Schichten, wenn dieselbe Schaltstelle auch zum Unterbrechen des Stromes dient und dabei Lichtbogen, wenn auch nur kurze, vorkommen. Ein Schalter aus Kupfer oder Wolfram kann so allmählich bis zur Unbrauchbarkeit verrotten, indem sich immer stärker werdende, fest haftende Oxydkrusten ansetzen. Edelmetalle bilden zwar solche nicht; doch kann es auch bei diesen geschehen, daß Staub oder Fett und besonders beide vereint eine Kruste bilden, die zwar bei reichlichem Schaltdruck und schwachem Strom nicht sehr stört, wenigstens wenn der Schalter meist geschlossen ist oder oft benutzt wird, die aber durch Lichtbogen zu harter, schlechtleitender Kohle wird.

Folgende Mittel lassen sich — freilich nicht immer — gegen den Übergangswiderstand anwenden:

a) Die Widerstandschicht wird mechanisch durch Schlag oder Reibung der Kontakte gegeneinander zerbröckelt oder weggeschabt. Reibung ist, wenn ein Kontakt federt, kaum zu vermeiden und durch schräge Bewegung leicht zu verstärken. Ihre reinigende Wirkung nimmt mit dem Schaltdruck und der Kleinheit der Berührungsfläche zu, aber auch die Abnutzung.

b) Voraussetzung dabei und unter allen Umständen nützlich ist es, die Schaltbewegung horizontal einzurichten, also den Kontakten vertikale Oberflächen zu geben. Damit erreicht man, daß die losgeklopften oder abgeriebenen Metallteilchen frei herunterfallen können und nicht durch die folgenden Schaltungen in die Metalloberfläche hineingedrückt werden. Auch setzt sich dann weniger leicht Staub an.

c) Dem Kontakte, an welchem der Unterbrechungslichtbogen entsteht, liegt ein zweiter Kontakt parallel, der später geschlossen und früher geöffnet wird, so daß er nur den Übergangswiderstand des ersten Kontaktes kurzzuschließen braucht und nicht beschädigt wird. Ein Beispiel zeigt Abb. 66. Beim Niederdrücken des Tasters schließt sich erst der linke Kontakt und danach, unter Durchbiegung der Tasterfeder, der rechte. Beim Loslassen des Tasters öffnet sich erst funkenlos der rechte Kontakt und dann folgt die wirkliche Unterbrechung am linken. Ähnlich wirkt es, wenn die Kontakte beim Aufeinanderdrücken eine kippende Bewegung ausführen, so daß sich ihre Berührungsstelle verschiebt. Natürlich hilft dieses Mittel nur insolange, als der Übergangswiderstand am unterbrechenden Schalter nicht allzu hoch wird.

Bei zarten Schaltern kommt nur das Mittel b) in Frage, und das Entstehen grober Übergangswiderstände muß durch Verwendung von Edelmetallen und Vermeiden von Verunreinigungen ausgeschlossen werden.

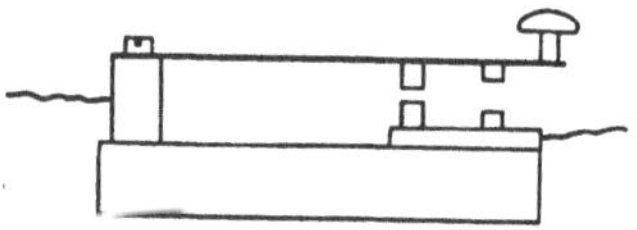
Abb. 66. Taster mit Doppelkontakt.

Was dann geschieht, wenn die angegebenen Mittel nicht angewandt werden oder versagen, das hängt von den Umständen ab. Bei niedriger Spannung kann völlige Isolation eintreten, z. B. an Wolfram und Kupfer, nicht so leicht an Wolframsilber. Bei mittlerer und höherer Spannung „schmort" ein solcher Schalter, indem die Zwischenschicht stellenweise ins Glühen kommt, was den Schalter immer mehr verschlechtert. Bei stärkerem Strom und namentlich bei kleiner Berührungsstelle kann etwas anderes eintreten: Die Oxydschicht schmilzt, wahrscheinlich nur in einem oder wenigen dünnen Kanälen, und in ihnen bilden sich metallische Brücken aus, die einen mäßigen Übergangswiderstand ergeben. Folgender Versuch erläutert das: Legt man einem verschmorten Kupfertaster bei 220 V, 2 A, nachdem er geschlossen wurde, ein Voltmeter von 1 Ω parallel, so zeigt es z. B. einige Zehntel Volt an. Unterbricht man den Strom an anderer Stelle und schließt ihn wieder, ohne inzwischen den Taster zu erschüttern, so findet man dieselbe Spannung, ein Beweis, daß die Brücken metallischer Art sind. Schließt man den Strom aber erst durch das Voltmeter und dann durch den Taster, so bleibt letzterer fast stromlos, da die Spannung von 2 V die Zwischenschicht nicht zu erhitzen vermag.

Silber ergibt wegen der Leitfähigkeit des Silberoxyds auch in verschmortem Zustand nur einen kleinen Übergangswiderstand. In dem eben beschriebenen Falle findet man am Schalter selbst bei einem Schaltdruck von wenigen Gramm nur einige Hundertstel bzw. 0,2 V. Immerhin macht sich die Schicht durch ein Schließungsfünkchen bemerkbar.

Der Übergangswiderstand ist auch die Ursache, daß z. B. bei 220 V ein Kondensator von 2 μF ohne R_c sich nicht geräuschlos auflädt (oder entlädt), wie man eigentlich erwarten sollte, sondern einen knallenden Schließungsfunken zeigt. Die entwickelte Hitze läßt an der Berührungsstelle das Metall explosionsartig verdampfen. Die Schaltstücke können dadurch wieder ein wenig auseinandergeschleudert werden, was infolge des entstehenden Lichtbogens die Erhitzung und den Knall erst recht verstärkt (vgl. auch S. 56).

C. Feine Übergangswiderstände.

Nur im Hochvakuum sorgfältig ausgeglühte und darin belassene Metalle besitzen wirklich eine metallisch reine Oberfläche. An der Luft überziehen sich selbst die Edelmetalle schnell mit einer wahrscheinlich nur aus einer einzigen Molekülllage bestehenden Schicht („Sperrhaut") aus Sauerstoff oder Wasser. Auf unedlen Metallen kann die Haut durch Anlaufen, insbesondere Oxydation, sich verdicken, ohne sichtbar zu werden. Erst bei starker Oxydation zeigen sich Anlauffarben; z. B. wird die Rosafarbe des reinen Kupfers erst rot, dann braun. Schließlich kann ein „grober" Übergangswiderstand daraus werden.

Die dünnen Häute wirken gewissermaßen schmierend. Während wirklich reine Metalle infolge des Ineinandergreifens der Kristalle eine solche Reibung aufweisen, daß sie geradezu aneinander kleben, verhindern das die Häute. Ohne sie wäre z. B. auch die Reibung zwischen Schleifring und Bürste viel höher.

Aus obigen Gründen zeigen sich an Druckschaltern, die ohne Reibung und stromlos geschlossen werden, folgende Erscheinungen:

a) Der Übergangswiderstand eines reinen (häutefreien) Vakuumschalters besteht nur aus dem Ausbreitungswiderstande, den die Verengerung der Strombahn an der Berührungsstelle verursacht, und ist im allgemeinen sehr klein.

b) Auch in Luft ergeben sich trotz der Sperrschicht fast ebenso kleine Übergangswiderstände, wenn kleine Flächen sehr sauberen Metalls (gekreuzte Drähte, abgerundete Spitze gegen Fläche) mit solchem Drucke gegeneinandergepreßt werden, daß das Metall der Kontakte Eindrücke erhält, sich verformt. Die Sperrschicht wird dabei zerdrückt. Die Berührungsfläche nimmt ungefähr mit der Wurzel aus dem Drucke zu und der Übergangswiderstand ebenso ab. Bei unedlen Metallen nimmt er nachträglich wieder auf ein Mehrfaches zu. — Natürlich läßt sich dieser Vorgang an derselben Stelle nicht beliebig oft wiederholen, da die Eindrücke jedesmal vertieft werden müßten.

c) Ist der spezifische Druck sehr klein, so bleibt meist eine Haut erhalten, die gegen niedrige Spannungen isoliert. Über die sich daraus ergebende Erscheinung des „Frittens" und die Gegenmaßnahmen s. S. 56.

d) Der praktisch wichtigste Fall ist der eines mittleren spezifischen

Druckes. Er tritt auch bei den Stöpseln von Widerstandskästen, aneinandergeklemmten Stromschienen u. dgl. auf. Infolge der unvermeidlichen Unebenheiten berühren sich die Kontakte nur an einzelnen Punkten in der unter b) beschriebenen Weise metallisch, so daß nur ein kleiner Bruchteil (z. B. $^1/_{1000}$) der scheinbaren Berührungsfläche wirklich Strom führt. Die Zahl dieser Punkte und der Querschnitt jedes einzelnen nehmen mit dem Drucke zu. Infolgedessen ist der Übergangswiderstand — ähnlich wie die Reibung, nur in verkehrtem Sinne — nicht von der Fläche, sondern nur vom Drucke abhängig, wenigstens innerhalb eines gewissen Bereiches spezifischen Druckes. Erfahrungsgemäß ist für sauberes Kupfer der Übergangswiderstand ungefähr

$$W_ü = \frac{0{,}15}{P} \text{ Ohm},$$

wobei P den Schaltdruck in Gramm bedeutet. Bei angelaufenem Kupfer steigt $W_ü$ auf das Doppelte und mehr. Die Höhe von $W_ü$ hängt nicht nur von der Reinheit der Oberfläche, sondern auch von der Leitfähigkeit und Härte des Schaltstoffes ab. So scheinen reines Silber und Gold einen 5- bis 10 mal kleineren, Platin und Wolfram einen mindestens 10 mal größeren Wert zu geben, während er für Kohle und Graphit noch viel höher liegt.

Reibung vermindert auch hier den Übergangswiderstand. Bei zarten Schaltern muß man freilich darauf verzichten, weil sie Weg und Kraft kostet. — Setzt man einen Kurbelschalter sanft auf oder steckt einen Stöpsel ohne Reibung ein, so sinkt der Übergangswiderstand nach Reiben auf einen Bruchteil. Da Reibungsstellen und der abgeriebene Metallstaub besonders zur Oxydation neigen, ist Schmieren mit Öl oder Vaseline geradezu unentbehrlich, nicht um die Reibung zu vermindern, sondern um die Oxydation aufzuhalten.

Auch bei geschlossenen Schaltern und sonstigen Verbindungsstellen aus Kupfer oder Messing steigt der Übergangswiderstand im Laufe der Zeit, weil die Oxydation selbst an scheinbar abgedeckte Stellen vordringt, besonders in der Wärme. Hier hilft das Schmieren gleichfalls. Natürlich darf man an allen geschmierten Schaltstellen höchstens ganz schwache Ströme unterbrechen.

Wird im Falle d) der Schalter nach dem Schließen mit Strom steigender Stärke belastet, so erwärmen sich die feinen stromführenden Brücken ganz erheblich. Infolgedessen steigt der Übergangswiderstand zunächst. Bei noch stärkerem Strome schmelzen und verbreitern sich die Brücken und der Widerstand sinkt stark. Die Spannung an der (metallischen) Schaltstelle beträgt dann etwa 0,5 V und steigt bei weiterer Zunahme des Stroms nicht mehr. Diesen Zustand an einer Schalt- oder Verbindungsstelle wird man allerdings schon wegen der Erwärmung nicht zulassen.

Erfolgt das Schließen eines Schalters unter nicht zu niedriger Spannung, so werden die Häute sofort elektrisch durchbrochen, u.U. zugleich durch den mechanischen Druck zerstört, und es bilden sich die oben beschriebenen metallischen Brücken aus. Der sich ergebende, in der Regel kleine Übergangswiderstand hängt vor allem von der geschalteten Stromstärke ab.

Bei sehr starken Strömen (Entladung eines Kondensators, über 100 A Augenblickswert) kann nach [*11*] noch eine besondere Erscheinung auftreten, nämlich, daß der bei der ersten Berührung der Schaltstücke entwickelte Metalldampf das bewegliche Schaltstück kurze Zeit (z.B. $^1/_{10000}$ s) in der Schwebe hält, so daß während dieser Schwebephase ein Lichtbogen brennt. Das steigert die Hitzeentwicklung und schädigt den Schalter. — Vielleicht wirkt dabei auch die buckelförmige Ausdehnung der Metalloberfläche durch die plötzliche Erwärmung mit; der Travellyansche „Wackler" der alten Physikbücher beruht bekanntlich darauf.

Alle hier geschilderten Dinge sind in Wirklichkeit recht verwickelt und in ihren Einzelheiten unübersichtlich. Vgl. die ausführlichen Untersuchungen von [*7*, *8*, *11*, *12*].

Sonstige störende Erscheinungen.

A. Das Fritten.

Die auf S. 54 beschriebene isolierende Haut, welche in Luft auch scheinbar blanke Metalle überzieht, verursacht die Erscheinung des Frittens.

Wenn man bei niedriger Spannung und unter schwachem Drucke zwei blanke Kontakte zur Berührung bringt, erhält man keineswegs immer einen Stromübergang. Eine Stahllagerkugel von 5 mm Durchmesser, mit ihrem Gewicht auf einer ebenso blanken Stahlfläche ruhend, kann gegen 100 V isolieren. Meist hat die Frittspannung allerdings nur die Größenordnung von 1 V. Graphit und Kohle zeigen die Erscheinung nicht, Silber und Platin in sehr geringem Grade, merklich Gold und noch mehr alle unedlen Metalle.

Daß diese Häute durch Erhöhung des Schaltdrucks sowie durch Reibung zerstört werden können, wurde schon oben gesagt. Es geschieht aber auch durch die angelegte Spannung, sobald sie einen gewissen Wert überschreitet, der offenbar von der Dicke der Haut abhängig ist. Der Vorgang soll sich dabei so abspielen, daß sich durch Elektrolyse winzige metallische Brücken bilden. Möglich wäre auch, daß die Häute durch die elektrostatische Anziehung zwischen den Schaltstücken zerdrückt werden. Die Dicke der dünnsten Häute wird zu etwa 10^{-6} cm angenommen, woraus sich nach Gl. (29) (S. 59) schon für 1 V ein Druck in der Größenordnung von 100 g/cm² errechnet und ein viel größerer Druck für die wirklichen Berührungspunkte, der zur Zerstörung einer solchen Haut wohl ausreichen könnte. — Wenn so das Fritten erfolgt, sinkt der Übergangswiderstand plötzlich auf fast Null. Der Kurzschluß bleibt auch bei vorübergehendem Ausschalten des Stromes bestehen. Erschütterung stellt, insbesondere bei ausgeschalteter Spannung, die Isolation wieder her, kann aber umgekehrt selbst bei verminderter Spannung durch Reibung Fritten bewirken.

Zum Fritten genügt es, wenn die erhöhte Spannung außerordentlich kurze Zeit dauert, unter 10^{-6} s. Infolgedessen kann man es schon dadurch herbeiführen, daß man einen schwachen Funken (z. B. eines geriebenen Hartgummistabes) auf die Zuleitungen überschlagen läßt, ja sogar durch einen völlig getrennten Funken, wobei die Übertragung durch sehr kurze Wellen zustande kommt.

Eine einzige Berührungsstelle arbeitet ungleichmäßig. Dieser Fehler läßt sich mit Hilfe des Wahrscheinlichkeitsgesetzes beseitigen, indem man eine Anzahl Berührungsstellen hintereinander und parallel schaltet, nämlich eine Schicht von Metallkörnern oder -spänen benutzt, die lose zwischen zwei Elektroden liegt. Das ergibt den früher in der Funkentelegrafie benutzten Fritter oder Kohärer. Verwendet man Messingelektroden von etwa 4 mm Durchmesser, so kann man je nach Dicke und Höhe der Schicht mit fettfreien Messingfeilspänen auf eine Ansprechempfindlichkeit von 1—5 V, mit Aluminiumspänen bis zu 30 V gelangen. Übrigens ist weder im einen Zustande die Isolation, noch im anderen Zustande der Kurzschluß vollkommen; namentlich bei Funkenerregung ist die Widerstandsänderung regelbar.

Der Fritter ist als eine, wenn auch recht ungenaue, Spannungssicherung brauchbar. Eine hübsche Anwendung ist folgende: Für Christbaumbeleuchtung werden kleine Glühlämpchen in größerer Zahl hintereinander an das Lichtnetz geschaltet. Im Sockel jeder Lampe liegen zwischen den Zuleitungen Metallspäne, die einen Fritter bilden. Beim Durchbrennen einer Lampe tritt an ihren Klemmen die volle Netzspannung auf, der Fritter schließt kurz und die übrigen Lampen brennen weiter, freilich mit etwas erhöhter Einzelspannung.

Die dünne Sperrschicht, welche bei niedriger Betriebsspannung und kleinem spezifischen Schaltdruck trotz scheinbarer metallischer Berührung den Stromübergang verhindert oder wenigstens einen Übergangswiderstand bedeutet, ist für zarte Relais mitunter recht störend und zwingt mindestens dazu, den einen Kontakt fast als Spitze auszubilden. Aber selbst bei kleinen handbedienten Schaltern ist es nicht ganz leicht, einen recht geringen Übergangswiderstand zu erhalten. So haben sich bei den Umschaltern in Radioempfängern Schwierigkeiten gezeigt, namentlich im Kurzwellenteil, wo Spannung und Strom sehr niedrig sind. Man verwendet Schalter mit kräftiger Reibung, wobei sich Nocken aus Silber gegen galvanisch rhodiniertes Bronzeblech als geeignet und sehr haltbar bewährt hat; oder Druckschalter (abgerundete Spitze gegen Fläche) aus Platiniridium, das ersparnishalber in einer nur 0,05 mm starken Schicht auf Bronzeblech aufgewalzt ist.

Für Radioschalter ist schon vorgeschlagen worden, dem Hochfrequenzstrom einen stärkeren Gleichstrom zu überlagern, der die Schaltstelle kräftig fritten soll. Damit die Überlagerung nur an der Schaltstelle zu geschehen braucht, kann man nach Abb. 67 einen doppelten Schalter anordnen und in den so geschaffenen Kreis die Gleichstromquelle g, z. B. ein angeheiztes Thermoelement, einfügen. — Gelegentlich könnte auch das Umgekehrte in Frage kommen, nämlich die Überlagerung eines Hochfrequenzstroms über einen Gleichstromschalter. — Man möchte glauben, daß es bei Gleichstrom genügen müßte, der Schaltstelle einen Kondensator parallel zu legen, damit sie durch dessen Entladestrom gefrittet werde. Aber es ist nicht möglich, einen Schalter so zu schließen, daß nach der ersten Berührung nicht eine gegenseitige Verschiebung der Kontakte stattfindet, welche natürlich die durch Fritten zunächst entstandenen Brücken sofort wieder zerstört.

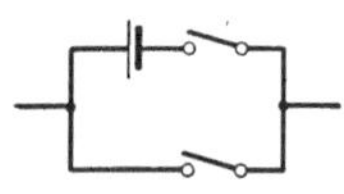

Abb. 67. Frittender Schalter.

B. Die elektrostatische Selbstunterbrechung.

Erst durch die von ihr verursachten Radiostörungen wurde man auf eine Erscheinung aufmerksam, die dem „Glockenspiel" bei Elektrisiermaschinen entspricht, die man aber bei 220 V nicht erwarten möchte.

In den elektrischen Heizkissen befinden sich Thermoschalter, die den Strom unterbrechen, sobald eine bestimmte Temperatur (etwa 80°) erreicht ist. Der Thermoschalter besteht aus einer Bimetallzunge, die sich bei Erwärmung verbiegt und einen zarten Druckkontakt öffnet. Gemäß der Zeitkonstante des Heizkissens sollte dieser Schalter mit einem Tempo in der Größenordnung von einer Minute sauber arbeiten. Statt dessen ist, sofern nicht Gegenmaßnahmen getroffen sind, bei Gleichstrom fast jede Schaltung mit einem singenden Ton (Schwingungsdauer des Bimetallstreifens) verbunden, der meist weniger als eine Sekunde, mitunter aber minutenlang dauert. Bei Wechselstrom ist der Vorgang wegen der Interferenzen zwischen seiner Schwingung und der der Feder unregelmäßig und hat keine bestimmte Tonhöhe. Man kann das Schwingen des Schalters unmittelbar hören; deutlicher vernimmt man es in einem Kopfhörer, den man einpolig an den einen Netzpol legt; noch lauter macht es sich in den Radioempfängern der Nachbarschaft geltend. Zugleich zeigt ein eingeschalteter Strommesser einen verminderten, schwankenden Strom an.

Die gleichen Störungen treten auch an anderen Thermoreglern auf sowie an den thermischen Blinkschaltern für Lichtreklame usw., sofern die Stromstärke nicht die Grenzstromstärke überschreitet.

Die Erscheinung ist nach [*10*] darauf zurückzuführen, daß beim langsamen Schließen des Schalters ein Augenblick eintritt, wo sich die gegenüberstehenden Flächen so nahe kommen, daß trotz ihrer Kleinheit die elektrostatische Anziehung genügt, um ein völliges Zusammenklappen zu bewirken. Sie beträgt zwischen parallelen Flächen von F (cm^2) im Abstande a (cm) bei der Spannung U (Volt)

$$(29) \qquad P = 0{,}45 \cdot 10^{-9} \cdot \frac{F \cdot U^2}{a^2} \text{ Gramm}$$

und zwischen einer Kugel vom Radius R und einer Platte im Abstand a (sehr klein gegen R) angenähert

$$(30) \qquad P = 2{,}8 \cdot 10^{-9} \cdot \frac{R \cdot U^2}{a} \text{ Gramm.}$$

Im Augenblick der Berührung sinkt die Spannung auf 0, der Schalter öffnet sich wieder usw. Die Schwingungsamplitude beträgt nur einige Tausendstel Millimeter.

Die Plötzlichkeit der Unterbrechung läßt im Leitungsnetz hochfrequente elektrische Schwingungen entstehen, die die Radiostörungen vermitteln. Infolge der Häufigkeit der Unterbrechungen werden die Kontakte unverhältnismäßig schnell abgenutzt. Als Gegenmittel wendet man Kontakte aus Metallen (Platin- und Eisenlegierungen) an, die zum Schweißen neigen, was man noch durch Parallelschalten eines kleinen Kondensators begünstigen kann, ferner Reibung an der Bimetallzunge, wodurch ihr Schwingen verhindert wird, oder sog. Knickregler mit schnappender Feder. Alle diese Mittel setzen aber die Temperaturgenauigkeit des Schalters beträchtlich herab.

Bei empfindlichen Relais (z. B. Spannungsrelais) stört die elektrostatische Anziehung u. U. merklich, was sicher oft nicht erkannt worden ist. Da die Anziehung mit dem Quadrate der Spannung wächst, kann man sich durch Herabsetzen derselben helfen. Aber selbst bei 50 V kann es noch zu solchen Schwingungen kommen. — Andererseits entstehen die Schwingungen auch dann, wenn infolge höherer Netzspannung oder erheblicher Selbstinduktion Glimmlicht auftritt, obgleich eine völlige Unterbrechung des Stroms nicht stattfindet.

C. Das Prellen.

Bei elektromagnetischen Relais, aber auch sonst, erhält das bewegliche Schaltstück oft eine beträchtliche Geschwindigkeit. Dann geschieht es leicht, daß die Schaltstücke beim Schließen nach der ersten stoßartigen Berührung wieder auseinanderprallen, was sich wiederholen kann. Diese als Prellen bezeichnete Erscheinung bewirkt nach dem ersten Stromschluß eine kurzzeitige Unterbrechung und damit bei hinreichender Stromstärke oder Vorhandensein einer Selbstinduktion einen Öffnungsfunken, der einen Schließungsfunken vortäuscht und für die Kontakte nachteilig ist. Erst nach der Prellzeit (Größenordnung 0,001 s) bleibt der Schalter dauernd geschlossen.

Am meisten schadet das Prellen dem Schalter, wenn der Strom im ersten Augenblick nach dem Schließen viel stärker als der Dauerstrom ist, wie beim Einschalten von Metallfadenlampen (vgl. S. 6) oder bei Wechselstrom von Transformatoren (vgl. S. 50), besonders aber bei der Entladung von Kondensatoren, und daher bei mit Kondensatoren arbeitenden Löschschaltungen für Gleichstrom.

Um das Prellen zu verhindern, muß man den Stoß zwischen den Kontakten möglichst sanft machen, vor allem große Geschwindigkeiten vermeiden. Ferner hilft es, das eine Schaltstück leicht zu gestalten und den Kontakt nach Abb. 68 auf eine Feder f mit Anschlag a zu setzen. Doch läßt sich das Prellen nicht immer ganz beseitigen.

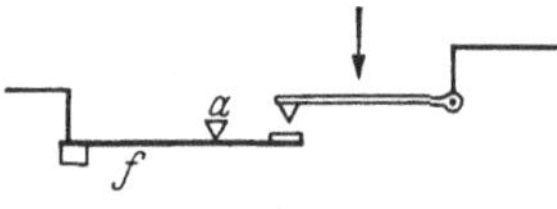

Abb. 68. Vermeidung des Prellens.

Auch beim Öffnen kann nach [*13*] das Prellen vorkommen, also kurzes nochmaliges Schließen nach dem ersten Öffnen. Zu erklären ist es wohl nur durch ein elastisches Hin- und Zurückschwingen des Kontaktträgers und müßte sich durch zweckmäßige Bauart des Schalters (Relais) unschwer vermeiden lassen. Schädlich wäre es, abgesehen von der größeren Beanspruchung der Kontakte, besonders bei den Schaltungen nach Abb. 33 (S. 31) und Abb. 42 (S. 36), wenn der Kondensator während der ersten Öffnungszeit mehr an Ladung aufnimmt, als er während der Schließungszeit wieder abgibt. Das würde die zu unterbrechende Spannung um jene erhöhen, die der Kondensator inzwischen erhalten hat, und dazu zwingen, ihm eine reichliche Kapazität zu geben.

Ohne Oszillografen läßt sich nur das Prellen beim Einschalten beobachten. Ein sauberer Schalter darf beim Schließen eines Stroms von z. B. 220 V und 1 A auch im Dunkeln kein Fünkchen zeigen, wenn er prellungsfrei ist.

D. Das Schweißen.

Wenn durch einen Schalter infolge des Schließens oder nach dem Schließen ein starker Stromstoß, wie ihn Kondensatorentladungen ergeben, gegangen ist, sind häufig die Kontakte mehr oder weniger zusammengeschweißt. Es ist das kein eigentliches Schweißen im Sinne der alten Schmiedekunst, welches nur solche Stoffe zeigen, die wie Eis und Eisen sich beim Erstarren ausdehnen und daher unter starkem Druck schmelzen. Vielmehr handelt es sich um autogenes Löten; an der

Berührungsstelle schmilzt infolge der Erwärmung im Übergangswiderstand ein wenig Metall beider Kontakte und haftet nach dem Erkalten zusammen.

Danach möchte man glauben, daß Erhöhen des Übergangswiderstandes, z. B. durch eine Oxydschicht, das Schweißen begünstigen sollte. Das Gegenteil ist der Fall. Legt man zwei Silberschalter, von denen einer blank, der andere oxydiert ist, in Reihe und schließt an dritter Stelle die Entladung, so schweißt der blanke Schalter eher, obwohl am oxydierten ein stärkeres Schließungsfeuer zu sehen ist. Das beruht vermutlich nicht darauf, daß die Oxydschicht das Verlöten hindert, sondern darauf, daß bei dem größeren Abstande der Kontakte (noch vermehrt durch die S. 54 beschriebene Erscheinung des „Schwebens") der entstehende Lichtbogen die verfügbare Wärmemenge über eine größere Fläche verteilt, als wenn einzelne kleine Punkte der Metalle in unmittelbarer Berührung stehen.

Aus dem gleichen Grunde wirkt die gleiche Entladungsenergie bei Spannungen, die U_g überschreiten und daher schon vor der Berührung überschlagen, weniger stark schweißend. — Im selben Sinne wirkt auch das „Prellen", vorausgesetzt, daß die vorhergehende Berührungszeit kleiner als die Dauer des Stromstoßes ist.

Die verschiedenen Schaltstoffe neigen um so mehr zum Schweißen, je niedriger ihr Schmelzpunkt liegt. Graphit und Kohle schweißen nicht.

Ein auf 220 V geladener Kondensator von 1 μF besitzt eine Ladungsenergie von etwa $^1/_{40}$ Wsek oder 0,006 g cal. Das reicht zwar nur aus, um ungefähr 0,1 mg Metall zu schmelzen, genügt aber, um saubere Schaltstücke aus den meisten Metallen (nicht Wolfram) so zusammenzuschweißen, daß mehrere Gramm zum Trennen erforderlich sind. Das Vorschalten einer Selbstinduktion, die die Entladungsfrequenz auf etwa 100000 herabsetzt, vermindert diese Wirkung noch nicht merklich.

Das Schweißen ist nicht nur wegen der Schaltkraft für das folgende Öffnen störend, sondern auch weil bei letzterem die Kontakte beschädigt werden.

Die Erwärmung von Schaltern.

Die Erwärmung eines Schalters darf aus Sicherheitsgründen und zur Vermeidung von Oxydation eine gewisse Höhe — etwa 80° C — im Dauerbetrieb nicht überschreiten. Die Kontakte selbst dürfen vorübergehend heißer werden, wenn sie aus geeignetem Stoffe bestehen. Die Erwärmung rührt teils vom Dauerstrom, teils von den einzelnen Schaltvorgängen her. Folgende Ursachen kommen in Betracht:

a) Übertragung von benachbarten warmen Widerständen, Spulen usw.

b) Ohmsche Widerstände in den Zuleitungen zur Schaltstelle. Die sekundliche Wärmemenge ist dem Quadrate des Stroms proportional, daher bei schwachen Strömen unbedeutend.

c) Übergangswiderstand $R_{ü}$ zwischen den Kontakten. Die Erwärmung entspricht der Verlustleistung $i^2 \cdot R_{ü}$. Über die Höhe von $R_{ü}$ s. S. 55.

d) Entladung eines Kondensators beim Schließen des Schalters, wobei ein mehr oder weniger großer Bruchteil von dessen Ladungsenergie (s. S. 47) auf den Schalter kommt.

e) Lichtbogen u. dgl. beim Öffnen des Schalters, die gefährlichste Ursache. Die jedesmal freiwerdende Energie beträgt

$$A = \int_0^T u_u \cdot i \cdot dt \text{ Joule},$$

wobei T die Dauer des Vorgangs, u_u und i die Augenblickswerte von Strom und Spannung am Schalter bedeuten.

Die Zeit T hängt bei Gleichstrom von Stromstärke, Schaltgeschwindigkeit, Art der Löschung (s. S. 37), der wirksamen Selbstinduktion usw. ab. Bei selbstlöschendem Wechselstrom (s. S. 41) beträgt sie zwischen 0 und $^1/_2$ Periode. — Die Spannung u_u hängt davon ab, ob Lichtbogen oder Glimmlicht auftritt. Im ersten Falle (und wohl auch bei Unterschreitung des Grenzstroms) ist sie nicht viel höher als die Bogenmindestspannung U_b, im zweiten Falle als die Glimm-Mindestspannung U_g. Bei Anwendung eines Löschkondensators scheint am schwingenden Lichtbogen eine höhere Spannung als U_b zu entstehen, was vielleicht mit dem periodischen Auftreten von Glimmlicht zu erklären ist. — Über den zeitlichen Verlauf des Stroms i läßt sich nahe der Grenzstromstärke nichts Bestimmtes sagen. Tritt bei Gleichstrom Lichtbogen oder Glimmlicht auf, so kann man in grober Annäherung linearen Abfall des Stroms mit der Zeit annehmen. Bei Anwendung eines Löschkondensators ist auch der Schwingungsstrom einzusetzen.

In den Fällen d) und e) wird von der Energie A nur wenig unmittelbar durch Strahlung und Luftbewegung abgeführt, so daß sie sich fast ganz auf die Kontakte überträgt. Bei Lichtbogen kommt auf die Anode, bei Glimmlicht auf die Kathode der weitaus größere Anteil. Die Wärmemenge beträgt

$$W = 0{,}24\, A \quad \text{g cal}.$$

Brennt z.B. ein Lichtbogen von 2 A mittlerer Stärke durch 0,1 s, so wäre ungefähr $A = 4$ Joule, $W = 1$ cal.

Die Temperatur, welche die Schaltstücke durch die Energie A erhalten, hängt davon ab, welche Metallmasse an der Erwärmung beteiligt und wie hoch deren spezifische Wärme ist. Letztere beziehen wir bequemer nicht wie üblich auf 1 g, sondern auf 1 cm³; dann ist sie nämlich für alle Metalle der Zahlentafel 1 (S. 3) nicht sehr verschieden und schwankt nur zwischen 0,65 und 1 cal/cm³. Die mittlere Erwärmung der Metallmasse von v cm³ beträgt daher

$$\vartheta \cong \frac{W}{0{,}8\, v} = \frac{0{,}03\, A}{v}\ {}^\circ\mathrm{C}.$$

Im obigen Beispiel wären es für 0,1 cm³ etwa 12° C.

Bei n Schaltungen je Sekunde entspricht die sekundlich erzeugte Wärmemenge der Leistung $n \cdot A$ und erhitzt den Schalter so hoch, bis die Kühlung ihr das Gleichgewicht hält. Die meist kleinen Kontakte der Schwachstromgeräte kühlen sich hauptsächlich durch Wärmeleitung an ihre Träger und werden daher im Mittel um so heißer, je schlechter sie selbst die Wärme leiten (s. Zahlentafel 1), je schlechter ihr Wärmeschluß an die Träger ist und je schlechter diese die Wärme an die Luft abgeben. Einer Berechnung sind diese Dinge kaum zugänglich, doch gelten folgende Regeln:

Einen Schalter, dessen Erwärmung bedenklich ist, soll man nicht an eine an sich warme Stelle des Gerätes verlegen. Aufgesetzte Kontakte sollen in gutem Wärmeschluß (Lötung) mit ihren Trägern stehen und, wenn sie die Wärme schlecht leiten (Platin), nicht dick sein. Als Träger ist womöglich Kupfer zu wählen. Den Trägern soll eine hinreichende kühlende Oberfläche, nötigenfalls durch Kühlrippen, gegeben werden. Die Zuleitungen sind so stark zu machen, daß sie nicht Wärme liefern, sondern ableiten. Bei Gleichstrom ist jener Kontakt, welcher schlechter gekühlt ist, z.B. auf einer Feder sitzt, bei Lichtbogen als Kathode, bei Glimmlicht als Anode einzurichten. Für niedrigen Übergangswiderstand ist zu sorgen.

Die Abnutzung der Kontakte bei Gleichstrom.

A. Übersicht.

In Betracht gezogen werden hier nur Schalter mit Kontakten nach Abb. 1 aus Edelmetall in Anordnungen, bei denen die Abnutzung möglichst gering ist.

Die Verformung solcher Schalter durch ihren mechanischen Stoß aufeinander ist im allgemeinen unbedeutend. Schädigend wirkt nur ihre elektrische Beanspruchung. Zwar läßt das einmalige Schließen und Öffnen eines mäßigen Stroms kaum eine merkbare Spur auf den Kontakten zurück. Die Schäden aufeinanderfolgender Schaltungen summieren sich aber, und nach und nach wird der Schalter bis zur Unbrauchbarkeit verdorben und verlangt Nacharbeiten oder Auswechseln der Kontakte oder mindestens Nachstellen des Schaltweges. Lange Lebensdauer läßt sich also zuverlässig nur erreichen, wenn die Schädigung durch jeden einzelnen Schaltvorgang äußerst klein gehalten wird.

Solange man nicht das geringste Fünkchen sieht, erleiden die Kontakte keine merkliche Veränderung; darüber hinaus nimmt aber die Schädigung mit der Leistung rasch zu. Sie ist ungleich für Ein- und Ausschalten sowie für Kathode und Anode; auch hängt sie vom Schaltstoff, von Spannung, Strom, Stromdauer und sonstigen Umständen in recht unübersichtlicher Weise ab.

Der Stoffverlust beruht teils unmittelbar auf Ionenstoß (so wohl ausschließlich bei der Kathodenzerstäubung), teils auf Verdampfung infolge der erzeugten Hitze. Dabei kann ein Teil des Stoffes zum anderen Kontakte wandern und sich auf ihm ansetzen. Manchmal mag zur Verformung auch das Schweißen beim Schließen und das Zerreißen der Schweißstelle beim nächsten Öffnen beitragen.

Die Vielfältigkeit der Bedingungen gestaltet die Erforschung dieser Vorgänge recht umständlich. Sie wurde besonders im Hinblick auf die häufig vorkommende Aufgabe betrieben, mit einem Relais ein anderes zu schalten, wobei der Strom in der Größenordnung von 1 A liegt und die Lebensdauer mindestens 10^6 Schaltungen betragen soll. Der Funken wird durch einen Kondensator nach Abb. 33 (S. 31) gelöscht. Die Bedingungen für geringsten Verschleiß beim Ein- und Ausschalten widersprechen sich dabei, indem erstere auf einen möglichst großen, letztere auf einen möglichst kleinen Vorschaltwiderstand für den Kondensator lautet.

Diesbezügliche Arbeiten sind in Deutschland zuletzt von R. Holm und W. Krüger veröffentlicht worden. Sie sind verschiedene Wege gegangen und auch nicht zu ganz gleichen Schlüssen gelangt. Zunächst sollen diese Arbeiten auszugsweise wiedergegeben werden, um das Verfahren solcher Untersuchungen zu schildern. Später werden die Ergebnisse erörtert und ergänzt werden.

B. Untersuchungen von R. Holm [*11*, *12*].

Die Abnutzung der Kontakte wird durch Wägen bestimmt, und zwar unter Trennung von Ein- und Ausschaltvorgang. Das Ziel geht dahin, Gleichungen aufzustellen, die die Gewichtsänderungen der Schaltstücke und damit ihre Lebensdauer vorauszuberechnen gestatten. Auf Grund der Versuche werden sie als Produkt von zwei Größen geschrieben, deren eine vom Schaltstoff abhängt, aber für Ein- und Ausschalten verschieden ist, während die andere die während der Funkendauer geflossene Elektrizitätsmenge bedeutet. Für letztere werden je nach den Verhältnissen besondere Gleichungen aufgestellt. Diesbezüglich muß auf die Arbeiten selbst verwiesen werden. Die Versuchsergebnisse sind auszugsweise folgende:

1. Einschalten.

Schaltung nach Abb. 22 (S. 21). Benutzt wird ein motorgetriebener Schalter, meist mit zylindrischen Kontakten von 3 bis 5 mm Ø. Da R viel höher als R_c, erfolgt die Entladung von C so schnell, daß R keine Rolle spielt. Eine Versuchsreihe mit einem Schaltdruck von 120 g, Fallhöhe 0,8 mm, $U = 60$ V, $C = 150\,\mu$F, $R_c = 0{,}05\,\Omega$, also einem Anfangsstrome I_c von rd. 1000 A, ergab für Silber, umgerechnet auf 1 Schaltung, einen Verlust der Anode von $1{,}3 \cdot 10^{-6}$ g, der Kathode von 0,55 g.

In derselben Größenordnung sind die Zahlen für Gold und Kupfer. Dieser als „Grobwanderung“ bezeichnete Vorgang würde den Schalter schon nach etwa 10000 Schaltungen unbrauchbar machen. Es kommt dabei zum „Schweben“ des Schalters (s. S. 56) und somit zu einem sehr kurzen Lichtbogen. Die obigen Stoffverluste werden erklärt als Differenz zwischen der durch den Bogen verdampften Menge (Anode 2,6, Kathode $0{,}6 \cdot 10^{-6}$ g) und dem für beide Pole gleichen Dampfniederschlag.

Feinwanderung findet statt, wenn $U < U_b$ oder der Entladestrom I_r eine gewisse Grenze nicht überschreitet und das Schweben ausbleibt; z. B. umgerechnet auf 10^6 Schaltungen (siehe nebenstehende Zahlentafel 6).

Zahlentafel 6.

Metall	U V	C μF	R_c Ω	$I \simeq \frac{U}{R_c}$ A	Anode verliert mg
Gold . .	10	20	0,1	100	0,47
Kupfer .	6	20	0,1	60	0,003
Silber . .	6	20	0,005	1200	0,0015
,, . .	60	150	1,6	40	3,6
,, . .	110	30	10	11	3,4
Wolfram .	110	8	100	1,1	0,5

Diese Zahlen sind so niedrig, daß die Verluste nicht mehr stören. Begreiflicherweise sinken sie noch, wenn infolge größerer Schaltkraft die Druckzunahme schneller erfolgt. Es ist anzunehmen, daß sie für $C = \infty$, also das Einschalten eines richtigen Gleichstroms, nicht steigen.

2. Ausschalten.

Besonders wird die wichtige Schaltung nach Abb. 69 behandelt, d. i. die Löschschaltung gemäß Abb. 22 bzw. 33. Die Versuche erstrecken sich aber, soweit sie zur Wiedergabe geeignet sind, nur auf Gold und Platin. Z. B. wurden als Gewichtsänderungen bei einer Schaltgeschwindigkeit von etwa 6 cm/s, umgerechnet auf 10^6 Schaltungen, gefunden (siehe Zahlentafel 7 auf S. 66).

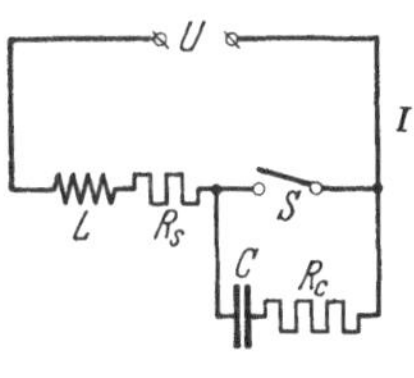

Abb. 69.

Offenbar sind in allen Fällen, mit Ausnahme des letzten, „lange“ Lichtbogen entstanden, die eine ausgesprochene Stoffwanderung von der Kathode zur Anode zur Folge hatten. Als Bedingung für kurzen Bogen und geringe Wanderung ist Unterschreiten der Grenzstromstärke am Schalter anzusehen.

Bei kurzen Funken, nämlich Spannungen unter U_b, findet wieder

Zahlentafel 7.

Metall	U V	R_s Ω	I A	R_c Ω	C μF	L Henry	Anode mg +	Kathode mg —
Gold . .	110	55	2	—	0	0	52	73
„	110	55	2	20	10	0	110	130
Platin . .	110	50	2,2	—	0	0	230	430
„	110	48	2,3	20	0,5	0	242	334
„	110	48	2,3	20	10	0	15	20
„	62	12	5,2	—	—	0	520	630
„	220	133	1,65	40	4	1,2	?	260
„	220	133	1,65	20	4	1,2	?	0,07

Feinwanderung im entgegengesetzten Sinne statt. Sie ist besonders bei Gold ausgeprägt und kann zur Bildung von Stiften und Löchern führen (Abb. 70). Als Mittel dagegen wird empfohlen, die Flächen beider Kontakte mit feinen parallelen Rillen zu versehen, die zu kreuzen sind.

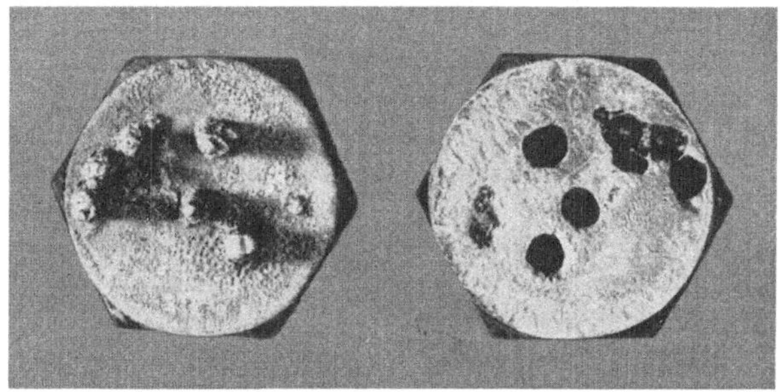

Abb. 70. Angegriffenes Kontaktpaar.

Bei einer bestimmten (rechnungsmäßigen) Elektrizitätsmenge je Schaltung kann sich die gegenseitige Stoffwanderung aufheben. Die glatte Oberfläche der Kontakte wird dann rauh, ohne daß sich deren Gewicht ändert.

C. Untersuchungen von W. Krüger [*13*].

Die Bestimmung der Schäden geschieht durch Beobachtung der Formänderungen mit der Lupe, die nachgezeichnet wurden und abgebildet werden. Untersucht wird fast nur Feinsilber, und zwar in Form von Nieten nach Abb. 71, die auf Relais angebracht sind.

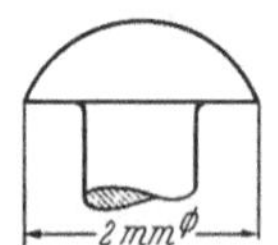

Abb. 71. Silberniete.

Der Grenzstrom i_u, ermittelt durch die Versuche, wird als Hyperbel angesehen mit den Asymptoten U_b und i_{ug}. Er steigt beträchtlich mit der absoluten (nicht relativen!) Feuchtigkeit h, (vgl. S. 10) die in g Wasser auf den Kubikmeter Luft ausgedrückt wird (siehe Zahlentafel S. 67 oben).

h g/m³	i_{ug} A	i_u für $U = 60$ V A
5	0,56	0,71
20	0,68	0,85
30	0,75	0,94

(Bei 20° C und 80% rel. Feuchtigkeit ist $h \cong 14$). Der Grenzstrom müßte mit der Temperatur merklich sinken. U_b ist von h unabhängig.

Einige der vielen Bilder angegriffener Schaltstellen seien wiedergegeben. Vergrößerung wie vermerkt, Feuchtigkeit h, Zahl der ausgeführten Schaltungen n.

1. Ohmkreise.

Mit einem wenig prellenden Schalter wird bei der Spannung U ein Strom I aus- und eingeschaltet. Nur ersteres schädigt. $n = 500\,000$.

Zahlentafel 8.

Nr.	U V	I A	h g/cm³	Kontakte 18fach vergrößert
1	60	0,4	6	
2	60	0,7	6	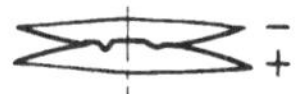
3	60	0,8	6	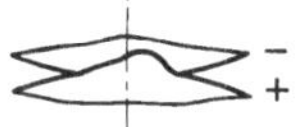
4	60	0,9	6	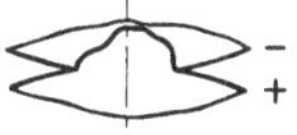
5	60	0,95	32	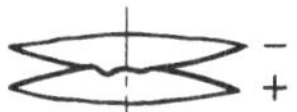
6	60	0,975	32	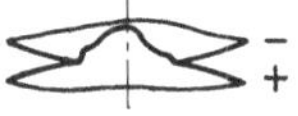

Zahlentafel 9.

Nr.	U V	I A	h g/cm³	Kontakte 18fach vergrößert
7	24,5	0,4	6	
8	24,5	0,8	6	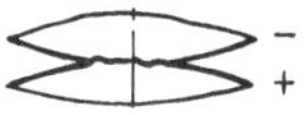
9	24,5	1,1	6	
10	24,5	1,2	6	
11	24	1,55	32	
12	24	1,6	32	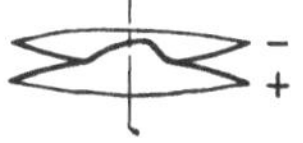

Folgende Schlüsse ergeben sich: In Ohmkreisen werden die Schaltstücke durch das Ausschalten stark angegriffen, sobald entweder

a) bei Spannungen $U > 16{,}5$ V der Grenzstrom i_u überschritten wird. Er liegt für $U = 60$ V zwischen Nr. 2 und 3 (0,7 A), für $U = 24$ V zwischen Nr. 8 und 9 (1,05 A); oder

b) bei Spannungen $U < 16{,}5$ V eine gewisse andere Strom-

Zahlentafel 10.

Nr.	U V	I A	h g/cm	Kontakte 18fach vergrößert
13	16,5	0,6	7	
14	16,5	1,0	7	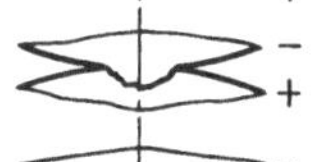
15	16,5	2,5	7	
16	10,1	0,9	7	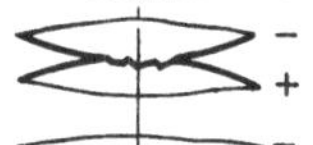
17	10,1	1,0	7	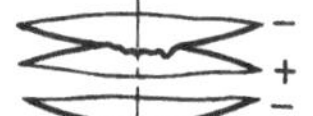
18	2,1	1,1	7	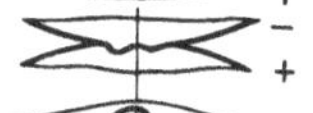
19	2,1	1,4	7	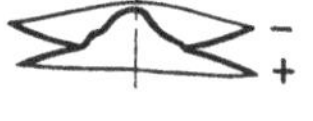

stärke i_m überschritten wird, die für $U = 0$ bis $U = 20$ V ungefähr von 1,4 auf 0,6 A sinkt.

Bei Überschreitung dieser Grenzen wandert im Falle a) Silber von der Kathode zur Anode. „Die Mulde der negativen Kontakthälfte hat eine scharfe Begrenzung, ist vollkommen glatt und hat ein goldfarbenes Aussehen. Die Erhöhung auf der positiven Kontakthälfte ist mit Silberoxyd bedeckt, von rundlicher Form und verhältnismäßig leicht von dem Kontakt zu lösen."

Bei Überschreitung der Grenze im Falle b) wandert Silber von der Anode zur Kathode. „Für Kontakte mit hohen Betätigungszahlen müssen daher Belastungen in diesem Bereich vermieden werden, zumal das übergeführte Metall sich in ziemlich spitzen Kegeln ansetzt."

Versuche mit getrennter Ein- und Ausschaltung zeigen für erstere einen Zuwachs der Kathode, der aber für $U > 16$ V durch die umgekehrte Wanderung beim Ausschalten übertroffen wird. Bei niedrigerer Spannung erfährt die Kathode einen Zuwachs sowohl beim Ein- als Ausschalten.

Zahlentafel 11.

Nr.	U V	C μF	R_c Ω	Zahl der Schalt. $\cdot 10^5$	Kontakte	Vergröß.
20	60	2	5	2,5	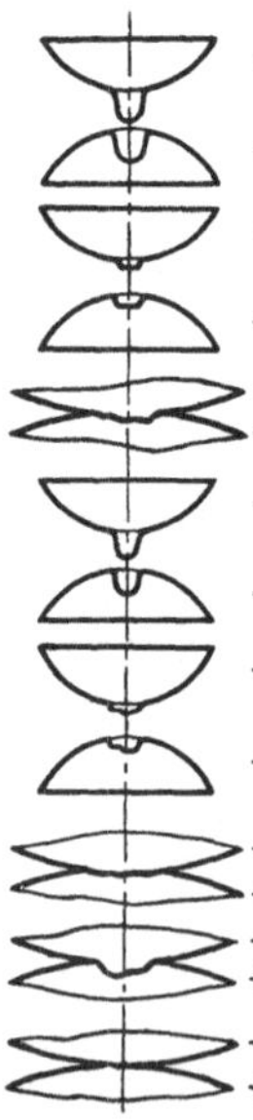 − +	6
21	60	2	20	5	− +	6
22	60	2	30	5	− +	18
23	24	1	0	2,5	− +	6
24	24	2	2	2,5	− +	6
25	24	2	6	5	− +	18
26	8,5	2	0	5	− +	18
27	8	2	0	5	− +	18

2. Induktive Kreise.

Z. B.: Schon die Selbstinduktion eines Schiebewiderstandes mit 600 Windungen genügt, um bei 60 V nach 500000 Ausschaltungen mit 0,5 A eine ebenso große, unzulässige Abnutzung der Kathode hervorzurufen wie sonst 1 A.

3. Entladung eines Kondensators.

Die Entladung erfolgt über einen induktionsfreien Widerstand R_c. Bei den folgenden Versuchen war $h = 8$ g/m³. (Siehe Zahlentafel 11.)

Die meisten Versuche wurden mit dem in der Fernsprechtechnik üblichen Kondensator von 2 μF ausgeführt und hierfür gefunden, daß eine Wanderung zur Kathode vermieden wird, wenn

$$R_c > \frac{U^2}{a} - R_c', \tag{31}$$

wobei R_c' die unvermeidlichen Widerstände des Kreises und Schalters bedeutet, die zu $0{,}7\,\Omega$ angesetzt werden. Für eine „unter gewissen Umständen noch zulässige" Wanderung ist $a = 93$, für Vermeiden derselben $= 140$.

4. Ausschalten einer Selbstinduktion mit Löschkreis (Abb. 59, S. 65).

Für geringen Verschleiß des Schalters werden folgende Bedingungen aufgestellt:

1. Der Strom I darf nicht größer als der Grenzstrom für die Spannung U sein.
2. Der Widerstand R_c darf nicht kleiner sein als nach Gl. (31).
3. Der Widerstand R_c darf nicht so groß sein, daß am Schalter die Glimmspannung überschritten wird.

Die Versuche, bei deren Mehrzahl als Selbstinduktion L ein Drehwählermagnet mit 1250 Windungen diente, bringen ein ungünstigeres Ergebnis, das auf Grund schöner Oszillogramme auf das Prellen beim Ausschalten zurückgeführt wird. Zahlentafel 12 zeigt einige Beispiele, aufgenommen mit

$$U = 24\text{ V}, \qquad n = 500000,$$

6fache Vergrößerung.

Zahlentafel 12.

Nr.	C µF	R_c Ω	I A	Kontakte nicht prellend	Kontakte prellend
28	2	20	1,2	– +	
29	2	25	1	– +	– +
30	2	27,5	0,88	– +	– +
31	2	30	0,8	– +	– +
32	8	25	1	– +	– +
33	8	30	0,8	– +	– +
34	30	25	1	– +	– +
35	30	30	0,8	– +	– +

Die Umkehrung der Stoffwanderung zwischen Nr. 29 und 30 beim nicht prellenden Schalter ist mit der Überschreitung des Grenzstroms zu erklären, die Umkehrung in Nr. 31 aber in der Tat nur durch Öffnungsprellen.

Versuche mit 24 V und 1,4 A, also nahe dem Grenzstrom, ergeben, daß bei prellendem Schalter 2 μF noch nicht genügen, bei 8 μF und richtig bemessenem $R_c = 14\,\Omega$ aber der Verschleiß in erträglichen Grenzen bleibt.

„Einige Sonderversuche mit getrenntem Ein- und Ausschaltevorgang konnten die Behauptung stützen, daß die hauptsächliche Metallüberführung zur negativen Kontakthälfte nur bei der Kontaktöffnung vor sich geht und nicht bei der Kontaktschließung, wie oft fälschlicherweise behauptet wird.“

Weiterhin wird der Ersatz des Widerstands R_c durch eine kleine Selbstinduktion empfohlen. Als solche „Funkenlöschspule“ dienen z.B. 150 Windungen Kupferdraht auf einem Eisenstift von 4 mm Ø und 22 mm Länge. „Einige Versuche zeigten, daß mit einer richtig bemessenen Funkenlöschspule und einem 4 μF-Kondensator die Belastungsgrenze von Silberkontakten von 1,5 A auf ungefähr 1,8 A heraufgesetzt werden kann.“ (Hier liegt freilich eine ganz andere Art von Funkenlöschung vor, nämlich die nach S. 36.)

Platin ist ein besserer Schaltstoff als Silber. Es wird gefunden

$$U_b = 13{,}5\ \text{V}$$
$$i = 0{,}75\ \text{A bei etwa } 200\ \text{V}$$
$$a = 180\text{—}200 \text{ in Gl. (31) bei } h = 8\ \text{g/m}^3.$$

Z.B. ergab sich bei $n = 500000$,

$$U = 60\ \text{V} \qquad C = 1\ \mu\text{F}$$
$$I = 1\ \text{A} \qquad R_c = 55\ \Omega$$

nur eine „ganz geringe Veränderung beider Kontakthälften“.

Das englische Schaltmetall PGS (wahrscheinlich dem H-Metall von Heräus entsprechend) erweist sich als dem Silber wenig überlegen.

D. Erörterung der Ergebnisse.

Im folgenden sollen auf Grund von B und C sowie sonstiger Erfahrungen und Überlegungen die Ursachen der Schalterabnutzung und die Maßnahmen zu ihrer möglichsten Verminderung zusammenfassend besprochen werden. In Betracht gezogen werden nur Schaltstücke aus Edelmetall, insbesondere Silber, und Spannungen unter U_g.

1. Ausschalten eines Ohmkreises.

Bei Überschreitung des Grenzstroms bildet sich ein Lichtbogen, der Metall von der Kathode zur Anode fördert. Man kann das zeigen, indem man zwischen einem Silberstift als Kathode und einer blanken

Kupferplatte einen Lichtbogen zieht und ihn in gleichbleibendem Abstande über die Platte wandern läßt. Bei kurzem Bogen wird das Kupfer versilbert, bei langem nicht, wohl weil dann der Silberdampf die Anode nicht erreicht. Ebenso kann man umgekehrt Kupfer auf einem Silberbleche niederschlagen. Die Stoffwanderung dürfte auf Grund reiner Destillation aus dem heißen Kathodenfleck erfolgen.

Nach [*11*] hat die Stoffwanderung allgemein für kurze Bögen verkehrte Richtung, geht also von der Anode zur Kathode, nach [*13*] nur für Spannungen zwischen 0 und 25 V und Ströme i_m, die weit unter dem Grenzstrom i_u für die gleiche Spannung liegen.

Diese Umkehrung läßt sich vielleicht so erklären: Der Bogen gibt an die Anode mehr Leistung ab als an die Kathode. Bei langen Bögen verteilt sie sich auf der Anode derart, daß in der kurzen Zeit keine hohe Temperatur entsteht und das Kathodenmetall sich in breiter Fläche auf der Anode niederschlagen kann. Bei ganz kurzen Bögen könnte aber der Anodenbrennfleck ebenso klein werden wie der kathodenseitige, so daß seine Verdampfung überwiegt und Anodenmetall sich in nächster Nähe des Kathodenbrennflecks ansetzt. — Daß nach [*13*] auch bei Spannungen unter U_b das gleiche auftritt, liegt vielleicht an den unvermeidlichen Selbstinduktionen, die immer Spuren eines Bogen entstehen lassen. Dafür spricht, daß diese Erscheinung erst bei der Grenzstromstärke für U_g beginnt.

Nach [*13*] können „die angegebenen Grenzstromstärken bei Kontaktgabezahlen bis zu einigen Millionen ohne Bedenken erheblich (?) überschritten werden.“

2. Ausschalten einer Selbstinduktion.

Auch bei kleinen Selbstinduktionen und schwachen Strömen werden die Schaltstücke beträchtlich geschädigt, weil Glimmlicht entsteht und dessen Kathodenzerstäubung einige Male mehr Metall wandern läßt als der Lichtbogen, umgerechnet auf gleiche Stromstärke. — Hohe Ströme ergeben einen Lichtbogen, der nur bei ganz niedrigen Spannungen so kurz ist, daß er Wanderung von der Anode zur Kathode verursacht. Schaltungen zur Unterdrückung des Funkens sind daher, außer bei ganz schwachen Strömen, unentbehrlich, wenn man einen raschen Schalterverschleiß vermeiden will.

3. Einschalten eines Ohmkreises.

In den praktischen Fällen treten nur sehr kurze Lichtbögen auf, daher wandert Metall von der Anode zur Kathode. Möglicherweise liegt das nur an der kaum zu vermeidenden Prellung. Die Stoffwanderung ist aber gegenüber der beim Ausschalten zu vernachlässigen.

4. Entladen eines Kondensators über einen Widerstand.

Der Verschleiß kann nur geringer sein als der beim Einschalten eines Ohmkreises mit einer Stromstärke, die gleich der des beginnenden Entladungsstromes $I_r = \frac{U}{R_c}$ ist. Vermutlich wird er bei niedrigen Strömen (ohne Schweben) nur durch Prellen bedingt. Das kann man aus den Versuchen von [*13*] schließen. Denn Gl. (31) (S. 69) läßt sich für $U > 10$ V, wo R' keine Rolle mehr spielt, umformen zu

$$I_r < \frac{a}{U}.$$

Das bedeutet für I_r eine Kennlinie in Form einer Hyperbel mit den Koordinatenachsen als Asymptoten, die bei mittleren Spannungen ungefähr mit der des Grenzstroms i_u für oxydfreies Silber übereinstimmt. — Die von [*11*] und [*12*] gefundenen Gewichtsverluste scheinen viel kleineren Schäden zu entsprechen; wahrscheinlich hat der Schalter weniger geprellt, besaß überdies flache, besser kühlende Schaltstücke.

Mit $U = 220$ V, $R_c = 5\,\Omega$, demnach $I_r = 45$ A erhält man von 2 μF an einem prellungsfreien Silberschalter keinen Einschaltfunken, an einem prellenden einen sehr geringen. Bei unmittelbarem Kurzschluß funken aber schon 0,01 μF merklich.

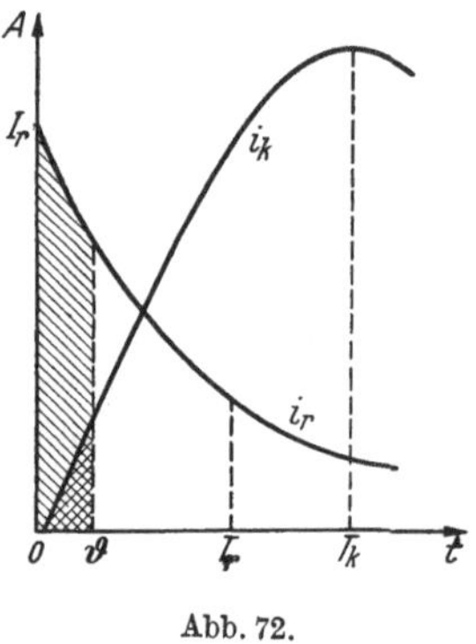

Abb. 72.

5. Entladen eines Kondensators über eine Selbstinduktion L_c.

Der dabei entstehende Schalterverschleiß ist nicht eingehend untersucht worden, so daß darüber nur Überlegungen angestellt werden können.

Es ist anzunehmen, daß in den Fällen 4) und 5) ein nicht prellender Schalter um so mehr angegriffen wird, je größer das Produkt aus der Stromstärke und der kleinen Zeit δ ist, welche der Schalter braucht, um seinen Übergangswiderstand kurzzuschließen. Ist diese Zeit — sie beträgt sicher weniger als 10^{-5} s — kurz gegenüber der Zeitkonstante $T_r = C \cdot R$ und gegenüber einem Viertel der Schwingungsdauer T_k, so ist inzwischen der Strom i_r nur wenig von I_r gefallen und i_k nur wenig über 0 gestiegen. Die entsprechenden Produkte sind in Abb. 72 unter Voraussetzung ungefähr gleicher Höchstströme durch schraffierte Flächen angedeutet. Der Fall 5) ist also viel günstiger.

Die Verhältnisse bei prellenden Schaltern lassen sich nicht übersehen.

Ein Silberschalter gibt mit $L_c = 0{,}00005$ Henry bei

U = 220 V, C = 2 μF ohne Prellen keinen, mit Prellen mäßigen Einschaltfunken.

U = 220 V, C = 16 μF ohne Prellen mäßigen, mit Prellen starken Einschaltfunken.

U = 60 V, C = 2 μF ohne Prellen keinen, mit Prellen sehr geringen Einschaltfunken.

U = 60 V, C = 16 μF ohne Prellen keinen, mit Prellen mäßigen Einschaltfunken.

Hieraus berechnet sich nach Gl. (28) (S. 48), daß die Amplitude des Entladestroms etwa 50 A nicht überschreiten soll, ähnlich wie im Falle 4.

Übrigens ist die Helligkeit des Entladungsfunkens dann kein Maß für die Schädigung der Schaltstücke, wenn diese so sauber sind, daß Schweißen eintritt (s. S. 61). Gerade dabei werden die Kontakte durch das nachträgliche Zerrinnen der Schweißstelle stark angegriffen.

6. Schalten einer Selbstinduktion mit R_c-Löschkreis (Abb. 69).

Nach [*13*] müssen die 3 Regeln von S. 69 eingehalten werden. Sie lauten, als Gleichungen geschrieben:

$$1.\quad I = \frac{U}{R_s} < i_u .$$

$$2.\quad I_r = \frac{U}{R_c} < i_m .$$

$$3.\quad U_u = I \cdot R < U_g .$$

Diese Regeln sollen besagen, daß weder beim Öffnen noch beim Schließen des Schalters Lichtbogen oder Glimmlicht auftreten dürfen.

Zur 1. Regel ist zu bemerken, daß nicht i_u für U, sondern für $U_u = I \cdot R_c$ anzusetzen ist, was [*13*] übersehen hat.

Die 2. Regel gilt nicht für prellungsfrei schließende Schalter; bei solchen kann sie (vgl. S. 72) so weit überschritten werden, daß I_r gegen 50 A und somit R_c viel kleiner als R wird. Dadurch läßt sich U_u bedeutend herabsetzen und infolgedessen wird (besonders bei niedrigem U, vgl. S. 31) i_u und damit der zulässige Strom I höher. Daraus ergibt sich die Möglichkeit, auch bei Strömen, die etwas größer als der Grenzstrom für U sind, eine hohe Lebensdauer des Schalters zu erreichen.

Für prellende Schalter hingegen müßte es am günstigsten sein, $R_c = R$ oder wenig kleiner zu wählen, damit $U_u = U$ und Ein- und Ausschaltfunken ungefähr gleich stark werden. Das bestätigen auch die Versuche von [*13*].

Eine Überschreitung der dritten Regel kommt praktisch kaum in Frage. Zu beachten ist aber selbstverständlich, daß U_u' (s. S. 32) nicht zu hoch wird.

7. Schalten eines Ohmkreises mit L_c-Löschkreis (Abb. 25, S. 24).

Zahlenmäßige Erfahrungen über die Abnutzung liegen nicht vor. Für Ströme bis etwa 4 A genügt zum Löschen ein ziemlich kurz angelegter Kondensator von 0,01 μF, dessen Kurzschlußfunken beim Einschalten selbst bei 220 V noch harmlos ist. Der Ausschaltfunken erweist sich aber stärker als mit 0,1 μF, wo er kaum sichtbar wird; der Einschaltfunken bleibt immer noch mäßig. Mit 1 μF wird der Ausschaltfunken wieder stärker, der Einschaltfunken schon recht schädlich, sofern man nicht L_c hinreichend groß macht. Es gibt also ein wenn auch sehr flaches Optimum.

Bis etwa 4 A kann man noch mit einer sehr hohen Lebensdauer des Schalters rechnen. Für 8 A braucht man schon ungefähr 2 μF, und der Ausschaltfunken wird so stark, daß die Lebensdauer auf schätzungsweise einige 10^5 Schaltungen heruntergeht.

8. Schalten einer Selbstinduktion mit L_c-Löschkreis (Abb. 42, S. 36).

Zahlenmäßige Erfahrungen liegen nicht vor. Die Größe des Kondensators ist zunächst durch die zugelassene Überspannung bestimmt, gemäß Gl. (22) (S. 32). Nun tritt noch die Forderung hinzu, den Schließungsfunken nach 5) zu mäßigen, also L_c nicht zu klein zu wählen. Diese Bedingungen widersprechen einander zum Teil und sind so verwickelt, daß sich keine allgemeine Gleichung aufstellen läßt.

Praktisch liegt die Sache so, daß in allen Fällen, wo von empfindlichen Schaltern hohe Lebensdauer verlangt wird, auch hohe Überspannung unerwünscht ist. Man kann dann so vorgehen, daß man zunächst nach Gl. (22) oder durch Versuche die erforderliche Größe von C findet. Sie wird, wenn es sich nicht um einen nahezu Ohmschen Kreis handelt, immer auch zur Unterbrechung des Stromes bis zu einigen Ampere hinreichen. Danach wählt man L_c so, daß der Entladestrom nicht über 50 A steigt.

Freilich wird die Lebensdauer stets merklich geringer sein als bei Ohmkreisen.

Es ist nicht ausgeschlossen, daß der L_c- dem R_c-Löschkreis selbst innerhalb des Gebiets, wo letzterer noch wirkt, bezüglich Schonung des Schalters überlegen ist. Jedenfalls kann man damit bei geeigneter Bemessung (s. die Beispiele auf S. 37) erheblich stärkere Ströme bei höherer Spannung so funkenfrei unterbrechen, daß man auf eine Lebensdauer von mehreren Millionen Schaltungen rechnen darf.

Die Abnutzung der Kontakte bei Wechselstrom.

Über den Verschleiß von Schaltern bei häufiger Unterbrechung mäßiger Wechselströme liegen keine zahlenmäßigen Angaben vor. Aus den Erfahrungen an Gleichstrom läßt sich Folgendes schließen:

In einem Ohmkreis findet so lange keine erhebliche Abnutzung der Schaltstücke statt, als die Amplitude den Grenzstrom nicht übersteigt. Bei stärkeren Strömen, oder wenn der Kreis eine Selbstinduktion enthält, tritt (mindestens im allgemeinen) ein Funken auf, der die Schaltstücke aber nicht so sehr schädigt als bei Gleichstrom, deswegen, weil im Durchschnitt der Funken wechselnde Stromrichtung hat, so daß zwar die Verdampfung dieselbe ist wie bei Gleichstrom, die Wanderung aber sich durch den Wechsel aufhebt. Die Erfahrung bestätigt das.

Diesen Vorteil kann man in besonderen Fällen auch bei Gleichstrom erreichen, indem man vor den Schalter einen Wechselrichter legt. Das geschieht bei den Geschwindigkeitsreglern nach Dornig, die den Vorschaltwiderstand R (Abb. 73) der Erregerwicklung einer Dynamo nach dem Tirillverfahren zeitweise kurzschließen. Dem Fliehkraftschalter S wird der Strom statt durch zwei Schleifringe durch einen einzigen Schleifring K zugeführt, der zwei- oder mehrmals geteilt ist. Der beim Öffnen von S entstehende Lichtbogen wird zwangläufig gelöscht, sobald eine offene Stelle des Schleifrings unter die Bürsten kommt. Zugleich hat der bis dahin brennende Bogen durchschnittlich wechselnde Richtung.

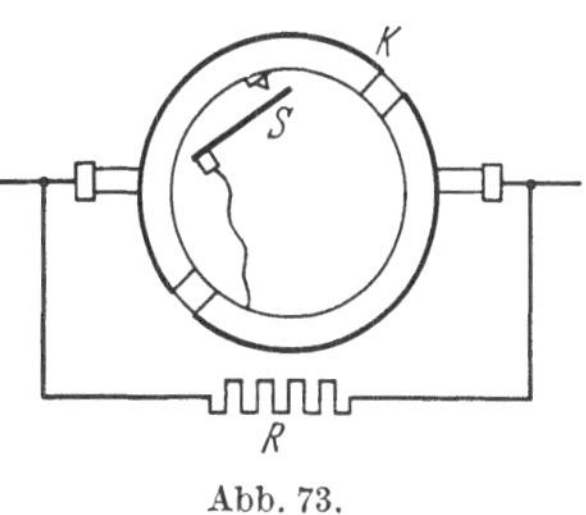

Abb. 73.

Die Löschschaltung nach Abb. 42 (S. 36) wirkt auch bei Wechselstrom, wie das Arbeiten der Hochfrequenzheilgeräte zeigt. Dabei werden die Schaltstücke dank der kurzen Löschzeit mehr geschont als wenn man sich auf das Wechselstromlöschen verläßt.

Eine Abnutzung der Schaltstücke durch das Einschalten kommt bei Wechselstrom nicht in Betracht.

Besondere Schalter.

A. Vakuumschalter.

Die Durchschlagfestigkeit der Luft von Atmosphärendruck beträgt (s. S. 20), abgesehen von der druckunabhängigen Glimmspannung U_g rund 3000 V/mm und ist dem Drucke proportional. Das gilt aber nicht mehr für sehr niedrige Drucke, aus Gründen, die hier nicht erörtert werden sollen und in [*6*] und [*9*] ausführlich behandelt sind. Vielmehr ist die Durchschlagfestigkeit am geringsten bei einem Drucke von einigen Millimetern Quecksilber, wie ihn Leuchtröhren haben. Darunter steigt sie wieder und erreicht bei Hochvakuum ein Vielfaches jener bei gewöhnlichem Druck.

Baut man einen Schalter in Hochvakuum ein, so erlischt ein an ihm entstehender Unterbrechungslichtbogen bei nicht allzu hoher Stromstärke außerordentlich schnell, weil die heißen Metalldämpfe sofort in den leeren Raum entweichen und sich an einer nahen kühlen Stelle niederschlagen. Infolgedessen leiden das Vakuum und die Durchschlagfestigkeit nicht, wenn die Schaltstücke vorher völlig entgast sind, und bei einem Hube von weniger als 0,1 mm können schon Überspannungen von mehreren 1000 V entstehen. Der Induktionsstoß selbst kleiner Spulen muß daher durch einen Kondensator aufgefangen werden.

Die Plötzlichkeit der Unterbrechung wird offenbar durch das S. 54 erwähnte Kleben der Kontakte unterstützt, das wie ein kaltes Schweißen wirkt und den Übergangswiderstand vermindert. Die Erwärmung durch den Bogen ist wegen seiner äußerst kurzen Dauer sehr gering.

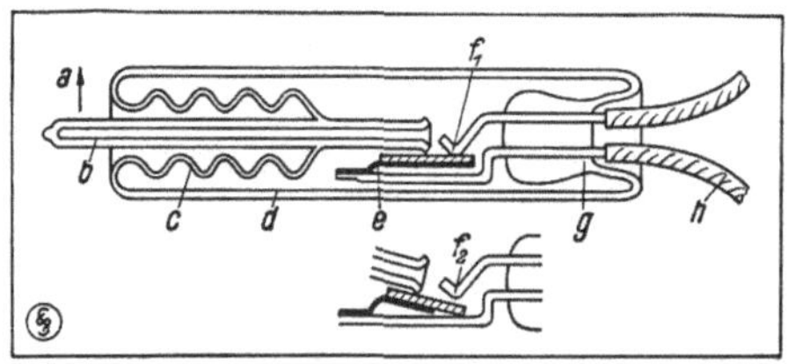

Abb. 74.

Die Kontakte bestehen aus Kupfer, Eisen, Molybdän oder Wolfram. Einer ist fest, der andere wird von einer Feder oder einem federnden Hebel getragen.

Die Bewegung von außen einzuführen ist natürlich schwierig. Beim Protos-Vakuumschalter (Abb. 74, etwa ½ nat. Größe) geschieht dies

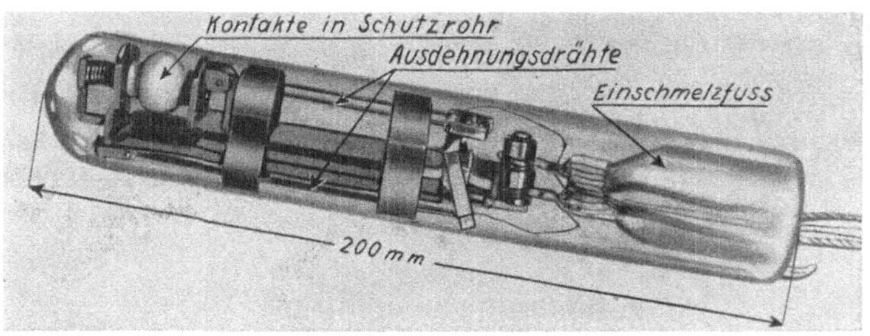

Abb. 75. Birka-Vakuumschutz (Ansicht).

folgendermaßen: Der Strom wird von den Leitungen *h* durch den Quetschfuß *g* dem festen Kontakt *f* und dem bei *e* federnd gelagerten beweglichen Kontakte zugeführt. Auf letzteren drückt das innere Ende des zweiarmigen Glashebels *b*, dessen federnde Lagerung durch das gewellte Glasrohr *c* gebildet wird. Auf Druck in der Richtung *a* öffnet der Hebel den Schalter (untere Abb.).

Zuverlässiger und mit weniger Kraftbedarf wird die Bewegung im Inneren durch Wärme erzeugt. Die Wärmeregler der Birka Regulator G. m. b. H. für Plätteisen u. dgl. enthalten eine Bimetallzunge, die sich bei Erwärmung krümmt und dadurch den Kontakt öffnet. Bei den

Birka-Hitzdraht-Vakuumschützen (Abb. 75 und 76) wird die Kraft durch die Ausdehnung der sehr dünndrahtigen Hitzdrahtwicklung 5—5 geliefert, die über zwei Isolierrollen 6—6 gelegt ist. Geht der Steuerstrom (einige Hundertstel A) durch diese Wicklung, so läßt sie den kleinen zweiarmigen Hebel, der die obere Rolle trägt und in einer Schneide des Armes 2 gelagert ist, dem Drucke der Feder 7 folgen. Dadurch kommt der vom Hebel getragene Wolframkontakt 3 zur Berührung mit dem auf dem Arme 1 sitzenden festen Kontakte. 4 ist ein keramischer Schutzkörper. — Der Hitzdrahtantrieb gestattet Steuerung durch Gleich- oder Wechselstrom; der primäre Schalter (z. B. ein Kontaktthermometer) bleibt wegen der sehr geringen Selbstinduktion funkenfrei.

Diese Vakuumschalter unterbrechen bis zu 20 A bei Spannungen bis zu 1000 V. Die Lebensdauer der Schütze wird bei Gleichstromvollast zu 150 000 Schaltungen angegeben; bei Wechselstrom soll sie noch viel höher sein.

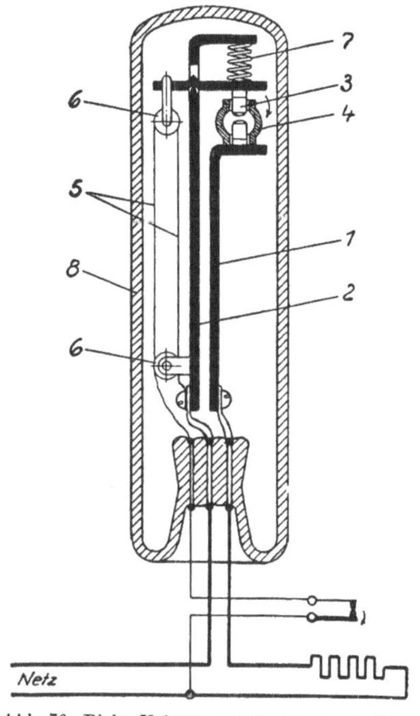

Abb. 76. Birka-Vakuumschutz (Längsschnitt).

B. Schalter in Gasen und Flüssigkeiten.

Die Oxydation der Kontakte läßt sich verhindern durch Einbau in einen Behälter, der mit einem neutralen oder reduzierenden Gase gefüllt ist. Das würde zwar die Verwendung unedler Kontaktmetalle gestatten, lohnt sich aber im allgemeinen nicht. Denn Durchschlagfestigkeit, Grenzstromstärke, Lichtbogenlänge und Abbrand sind nicht viel anders als in Luft. Nur die Löschwirkung läßt sich verbessern, weshalb man z. B. bei den rotierenden Quecksilberunterbrechern für Funkeninduktoren gelegentlich Leuchtgasspülung verwendet hat. Erhalten läßt sich aber ein Gasvorrat nur in einem zugeschmolzenen Glasgefäße, und da ist Hochvakuum vorteilhafter. Eine Ausnahme bilden die Quecksilberschalter (s. unten) bei denen schon der erhebliche Dampfdruck des Quecksilbers Hochvakuum ausschließt.

Wirksamer ist die Verwendung isolierender wasserstoffhaltiger Flüssigkeiten. Bei einer alten Bauart von Selbstunterbrechern für Funkeninduktoren tauchte ein schwingender Platindraht in Quecksilber, das mit Spiritus oder Petroleum bedeckt war. Auch rotierende Quecksilberunterbrecher wurden mit Petroleum gefüllt. Die Wirkung ist zunächst sehr gut, aber das Quecksilber verschlammt bald. Für Starkstrom höherer Spannung werden bekanntlich Ölschalter mit Kupferkontakten in größtem Umfange angewandt. Das Öl bringt einige Unbequemlichkeiten mit sich und verrußt bei häufigem Schalten; man wird es womöglich vremeiden und z. B. Wechselstromlöschschalter nach S. 41 benutzen.

C. Quecksilberschalter.

Obwohl sie eigentlich aus dem Rahmen des Buches fallen, seien auch die Quecksilberschalter erwähnt. Ihre einfachste Form zeigt Abb. 77 [1] in etwa $^3/_4$ natürlicher Größe. Die Gasfüllung besteht aus Wasserstoff von etwa halbem Atmosphärendruck. Geringes Kippen (3,5°) läßt das Quecksilber nach links fließen und die beiden eingeschmolzenen Drähte miteinander verbinden, praktisch ohne Übergangswiderstand.

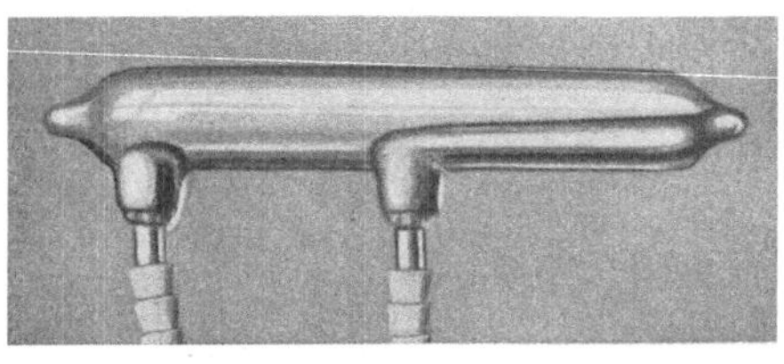

Abb. 77. Quecksilberröhre als Schalter.

Bei Rückkehr in die abgebildete Stellung findet die Unterbrechung zwischen Quecksilber und Quecksilber statt, wobei dessen Tropfenbildung plötzlich eine lange Schaltstrecke schafft. Dieser Umstand sowie die kühlende Wirkung des Wasserstoffs gestatten die Unterbrechung verhältnismäßig starker Ströme. Der dargestellte Schalter leistet 10 A Ohmschen Gleich- oder Wechselstrom bei 250 V. Eine nur 25 mm lange Röhre gleicher Art unterbricht 6 A, verlangt aber einen Kippwinkel von 10°.

Abb. 78. Quecksilberröhre als doppelpoliger Umschalter (Längsschnitt).

Für höhere Ströme (bis 40 A) sowie für induktive Belastung werden Röhren aus Hartglas oder solche mit Funkenschutzeinlage aus Quarz oder einem keramischen Stoffe verwendet. Die sonstige Bauart kann je nach dem Zwecke sehr verschieden sein. Es gibt ein- und zweipolige Umschalter (Abb. 78, beispielsweise mit Unterbrechung an Wolframspitzen); Röhren, die nicht gekippt, sondern etwa 90° um ihre horizontale Längsachse gedreht werden; Röhren mit verzögerter Ein- oder Ausschaltung, z. B. für Lichtreklame; Röhren, die feststehen und im Innern einen Eisenanker enthal-

[1] Die Abbildungen sind einer Liste der Firma A. Zuckschwerdt, Ilmenau, entnommen.

ten, der durch eine äußere Magnetspule bewegt wird und entweder selbst gegen Quecksilber schaltet oder als Verdrängungskörper ausgebildet ist (Abb. 79).

Die an sich überraschend große Leistung der Quecksilberschalter geht bei höherer Spannung oder induktiver Last etwas herunter, besonders aber bei häufigem Schalten wegen der Erwärmung. Die volle Nennleistung gilt für Schaltperioden von einigen Minuten und sinkt bei einigen Sekunden etwa auf die Hälfte. Die Lebensdauer wird zu einigen tausend bis zu einigen Millionen Schaltungen angegeben und hängt sehr von der verhältnismäßigen Belastung ab. Man soll also die Röhrengröße nicht zu knapp wählen.

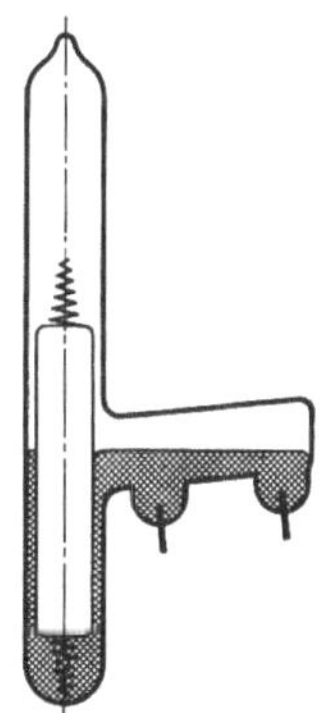

Abb. 79. Magnetisch gesteuerter Quecksilberschalter (Längsschnitt).

Die Vorteile gegenüber Schaltern mit festen Schaltstoffen in Luft sind:

1. Kein Übergangswiderstand, auch bei niedrigsten Spannungen.

2. Zuverlässigkeit und lange Lebensdauer, wenigstens bei reichlicher Bemessung der Größe.

3. Eingeschlossener Lichtbogen, daher keine Empfindlichkeit gegen Verstauben u. dgl. und kein Zünden von Gasexplosionen.

4. Verhältnismäßig geringe Schaltarbeit bei hohen Stromstärken, da kein Schaltdruck nötig.

5. Kondensator auch bei starkem Gleichstrom entbehrlich.

Nachteile:

1. Empfindlichkeit auf Lage, daher nur für feststehende Geräte brauchbar.

2. Mehr Raumbedarf.

3. Häufigeres Schalten als etwa in Sekundentempo wegen der Trägheit des Quecksilbers unmöglich.

4. Bei sehr schwachen Strömen verhältnismäßig große Schaltarbeit.